第十九届
中国室内设计大奖赛
优秀作品集

A COLLECTION OF GREAT WORKS FOR
THE 19TH CHINA INTERIOR DESIGN GRAND PRIX

中国建筑学会室内设计分会　编

U0291470

R 江苏凤凰科学技术出版社

图书在版编目（CIP）数据

第十九届中国室内设计大奖赛优秀作品集 ／ 中国建
筑学会室内设计分会编. —— 南京 ：江苏凤凰科学技术出
版社，2017.5
ISBN 978-7-5537-8112-9

Ⅰ．①第… Ⅱ．①中… Ⅲ．①室内装饰设计－作品集
－中国－现代 Ⅳ．①TU238

中国版本图书馆CIP数据核字(2017)第068768号

第十九届中国室内设计大奖赛优秀作品集

编　　　者　　中国建筑学会室内设计分会
项 目 策 划　　凤凰空间／刘立颖
责 任 编 辑　　刘屹立　赵　研
特 约 编 辑　　庞　冬

出 版 发 行　　江苏凤凰科学技术出版社
出版社地址　　南京市湖南路1号A楼，邮编：210009
出版社网址　　http：//www.pspress.cn
总 经 销　　天津凤凰空间文化传媒有限公司
总经销网址　　http：//www.ifengspace.cn
印　　　刷　　上海利丰雅高印刷有限公司

开　　　本　　965 mm×1 270 mm　1／16
印　　　张　　22.5
字　　　数　　178 000
版　　　次　　2017年5月第1版
印　　　次　　2017年5月第1次印刷

标 准 书 号　　ISBN 978-7-5537-8112-9
定　　　价　　398.00元（精）

图书如有印装质量问题，可随时向销售部调换（电话：022-87893668）。

本书收录了中国建筑学会室内设计分会 2016 年举办的第十九届中国室内设计大奖赛各类获奖作品。内容包括工程类作品（酒店会所类、餐饮类、休闲娱乐类、零售商业类、办公类、文化展览类、市政交通类、教育医疗类、住宅类）、方案类作品、新秀奖作品及入选奖作品。

本书可供室内设计、建筑设计、环艺设计、景观设计等专业设计师和院校师生借鉴参考。

大赛评委

苏丹
清华大学美术学院副院长、教授

孙宗列
中国中元国际工程有限公司首席总建筑师

舒剑平
苏州金螳螂建筑装饰股份有限公司设计总院副院长、北京设计院院长

倪阳
深圳极尚建筑装饰设计工程有限公司董事长

张丰义
杭州金白水清设计院创始人

Italo Rota
意大利 naba 米兰新美术学院和多莫斯设计学院科技总监

David Picazo
北京毕加索建筑设计公司创始合伙人

目录

工程类

A 酒店会所

B 餐饮

C 休闲娱乐

D 零售商业

E 办公

F 文化展览

方案类

入选奖

酒店会所

餐饮

休闲娱乐

零售商业

办公

文化展览

市政交通

教育医疗

住宅

概念创新

文化传承

生态环保

新秀奖

最佳设计企业奖

工程类

金奖

浮点·禅隐客栈

设计单位：FCD 浮尘设计工作室
设计负责人：万浮尘
参与设计人：唐海航、吴磊、何亚运
摄影师：潘宇峰
建筑面积：650 平方米
项目地点：苏州昆山锦溪镇南大街 81 号
主要材料：青砖、老瓦片、H 型钢、竹子、白水泥、老木头、通电雾化玻璃等

❄ 入口
圆形拱门的设计，具有东方"日月同辉"
的象征意义

❋ 茶室房
竹帘下独立的木屋茶室面对着阳台。席塌
而卧，焚上一炉青香，泡上一壶好茶，日
月交会，独享美景，私密而幽静

　　浮点·禅隐客栈由一栋老宅改建而成，改造前是锦溪古镇南大街上两栋毫不起眼的破房子，老屋门前荒草丛生。曾经的白墙也在雨水的冲刷下变得斑驳，破败中尽现年代沧桑之感。在拆建过程中，设计师在保留老房子灵魂和神韵的基础上进行了内部设计与改造，希望走进来的每个人都可以感受到人文与设计相结合的意境，以及浓郁的地域风情。

　　建筑主材选用青砖及瓦片、H型钢、竹子、白水泥、老木头、通电雾化玻璃等，另一些就地取材，进行循环再利用。整栋建筑经过精巧的设计，圆形拱门、青砖墙、老瓦片等都是古朴原生的元素，竹枝、竹桠营造出乡野的意境，而水泥、设计师家具又为整个空间注入了鲜明的现代气息。此外，日月的意象和飘带形状的走道都是借鉴神话故事而来的巧思。

۩ 走廊

跨过圆形的拱门，脚下是清水混凝土浇筑的小径，别有一番
苏州园林独有的曲径通幽之感。建筑外立面采用青砖墙和青
瓦，同时以大量的枯竹枝做点缀，在营造风格的同时，缓解
了高墙带来的压迫感

۩ 二层阳台

一层平面图

二层平面图

✿ 大厅

前厅小巧精致，充满古典艺术气息。一张弧形线条的水泥长桌，
一张茶席，摆上沙发，泡一杯绿茶，清香四溢，头顶那一片
竹枝点缀，尽显古朴的艺术情怀

三层平面图

⊞ 大厅

落地窗外，斑驳的青砖老墙古韵犹存，与室内行成强烈的对比，整面落地窗将屋外的色彩、自然光线引入室内。客厅里的壁炉与大门相呼应，有"日月同辉"的寓意，被设计师巧妙地穿插在每个细节里

　　建筑外屋顶选用青瓦，利用拼接工艺将瓦片延伸至墙面，让建筑更简约，同时保留江南水乡的建筑特点。室内外设计以大量的竹枝、竹桠做装饰，将禅境中乡野、荒蛮的意韵体现得淋漓尽致。设计中选用竹子的原因是，竹子造价低，又很容易让人感受到禅的韵味、意境。

　　客栈整体空间定位为灰色调，这种稳重的灰色调所体现的文化性的气质与淡定豁达的木质空间特征不谋而合，这也正是空间设计所追求的境界。孰重孰轻并不重要，空间的意境、空间的文化感才是核心。客栈分为三层，共九间客房，每间客房各有特色。精心的布局陈设营造了优美的意境。开放式的空间布局，现代与复古的交融碰撞，白色墙面与浅色地板的交相辉映，精挑细选的简约设计家具，还有那唯美的纱幔垂于各处，每一处线条和灯光都十分考究。客房和公共区域随处可见的席地座榻，可看茶，可冥想，独守一份禅静。

 树屋

树为柱，瓦为梁，缀以苏州园林特色拱门洞，树屋的经典，
在于简约舒适，更体现为将世外桃源般的景观搬进客房

🏠 中式套房

🏠 茶室房

银奖 ／
花迹酒店

设计单位：西安电子科技大学
设计负责人：余平
参与设计人：马喆、逯杰、蒲仪军
摄影师：贾方、金啸文
建筑面积：1300 平方米
项目地点：南京秦淮区老门东
主要材料：砖、桐木、水泥等

酒店外立面

酒店入口
保留历史建筑"踪迹"之美，标牌为钢板（有生命属性材料）

院落一
对受损部位进行文物式修复，建筑的岁月踪迹与种植的花草构成"迹"与"花"之美

花迹酒店位于南京"老门东"历史街区。设计充分保留原生建筑体上的岁月"踪迹"之美；对受损部位进行文物式修复；在院落、墙头、窗台等处大量植花种草，形成"花"与"迹"的主题。

为室内每一个空间打造方便开启的窗户，让阳光照进，让空气流通；使用吊扇，加速空气循环，吐故纳新，提高室内空气质量；将室内墙体及梁柱打磨成圆角，解决锐角易损等问题，用建筑自身语言表达经济、实用、单纯之美。

无门套、窗套、消防栓门等可彻底避免装饰物料易开裂、老化、过期等问题，让室内空间相对"长寿"。选用旧砖、旧木、北方炕砖等回收建材，融入老建筑，一同"再生"。可锈的钢板和纯棉的布织品与老建筑有着"天然生长"的共性。

⁜ 大堂

⁜ 走廊
室内墙体做圆角处理，解决锐角易损等问题，用建筑语汇妆点室内空间

⁙ 走廊
加设可开启的门窗，阳光明媚，空气流通

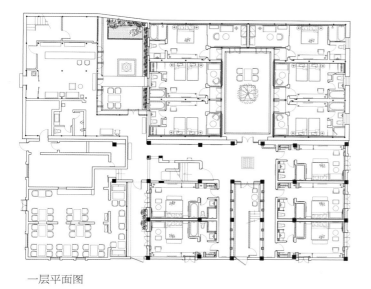

一层平面图 　　　　　　　　　　　　　　　　　　　二层平面图

单人间
客房使用吊扇，吐故纳新，提高室内
空气质量

银奖

生长的记忆——美祥 1969 木制体验中心

设计单位：河南二合永建筑装饰设计有限公司
设计负责人：曹刚、阎亚男
参与设计人：杨滔
灯光设计：SCL 照明设计　范宝太
摄影师：牧马山庄 吴辉
建筑面积：600 平方米
项目地点：郑州
主要材料：榆木皮、秸秆、钢管、清水混凝土、干树叶等

步道局部

展示区

记不清楚从哪个地方听过这样一句话"现在放置肉身的建筑已经太多了"。每次想到这句话就会不由自主地放下手中工作沉思一会儿，现今的生活节奏越来越快，一栋栋钢筋混凝土的"笼子"拔地而起，而生活其中的我们就像一个个没有灵魂的生物，机械地重复每一天。空间里，没有回忆，没有交流，更没有每个人的喜怒哀乐。整个空间仿佛都是合理的，只有我们是多余的。

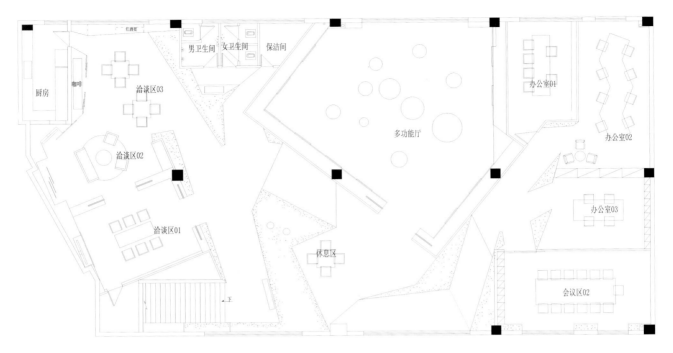

红酒架

男卫生间　女卫生间　保洁间

厨房　咖啡

洽谈区03

洽谈区02

洽谈区01

多功能厅

办公室01

办公室02

办公室03

休息区

会议区02

下

平面图

▦ 展示区

　　本案中，甲方给予设计师很大的创作自由。多次畅聊后，根据甲方的经营特点与产品特点，设计师力求打造一个能与空间中的人产生情感共鸣的设计。平面布置方面，通过理解小山村山路与住户的连接关系，将平面作为一个小山村来规划，使公共部分与私密部分以及山路坡道部分与每个家庭之间产生某种联系，让进去的人有似曾相识的感觉，就好似一座宁静的小山村，一条斑驳的坡道，右边是"李家"，再往上走，左边是"张家"，走着就走到大家聚会的大树下，再往上走就到村支书家开会的地方，碰到熟悉的人就问声"吃了吗"。

　　公共走道部分，材料选用 1800 多根贴木皮圆管和上百斤的干树叶，由此，平面上"长"出一个立体的空间，一个有回忆、有林、有路、有家、有记忆的地方。

　　整个设计中灯光的运用，空调的出风方向，都做了特别的规划。人走在坡道上，灯光就像阳光一样透过树林洒在身上，空调的风就像微风一样抚慰着每一寸肌肤。整个空间都在与人产生互动，有情感上的，也有体感上的。此外，空间还对声音部分做了专门控制，每隔 3 分钟的几声鸟鸣也让人与空间、与自然的共鸣有了新的连接点。在这种情绪的支配下，三两好友在"村子"的道路中便可沟通、畅聊、回忆。

　　"各家各户"的私密空间，根据各自用途，设计上也进行了特别的规划，有"李家"的客厅，里面还有几张门神，也有"王家"的餐厅，里面放置了几张八仙桌，还有竹编的盖筐，藤编的暖水瓶，掺有秸秆的灰墙，"大树"下一张桌子上还可以杀几盘象棋……各种场景均采用现代简约的设计方式，让这些充满回忆的物件成为主角。

　　空间的配饰用了比较少的饰品，仅仅是一些能让人产生情绪共鸣的竹筐、树叶、朽木等。空间中的大量"留白"旨在给每一位体验者预留出各自的情绪链接空间。在这里，设计师能够找到属于自己的情绪、回忆；每一位热爱生活、阅历丰富的人也能触发记忆深处的喜怒哀乐。

⋙ 工作区
⋙ 展示区局部

银奖 /

云居草堂

设计单位：杭州大尺建筑设计有限公司
设计负责人：李保华
参与设计人：李保华、寿佳丽
摄影师：林德建
项目面积：800 平方米
项目地点：景德镇
主要材料：复古地砖、复古面木地板、橡木木皮、竹竿、草编墙纸等

这是一个坐落在景德镇城市中心的养生禅修会所，分为茶室、艾灸、素餐三部分，提供喝茶、会客、艾灸等身心理疗服务，以修身、静心、问禅为设计立意，顾客在这里可以放松身体和净化心灵。

空间设计以客至倾心、品茗艾香、修身养性、拙朴自然为目标，营造古、朴、雅、幽的空间意境。设计过程中充分考虑如何在中国城市化高速发展的大背景下延续并继承传统文化，以及如何在现代建筑中运用传统材料。设计过程中运用自然元素，如自然光，将光与影、动与静、自然与人文三个方面作为设计重点。设计师抱着对自然的敬畏之心做设计，珍惜自然给予的一切，通过自然光与灯光、室内与室外、建筑与环境的融合，使空间不断变化。

项目周边有一小片野生竹林，开发商原计划在竹林位置处加建房子。设计的第一目标就是如何保留住这片小竹林，设计时对原有竹林进行梳理和扩建，并且把房子加建在竹林中，使竹林成为建筑的外立面，将天然的竹林和建筑环境相结合，淡化建筑，突出环境。

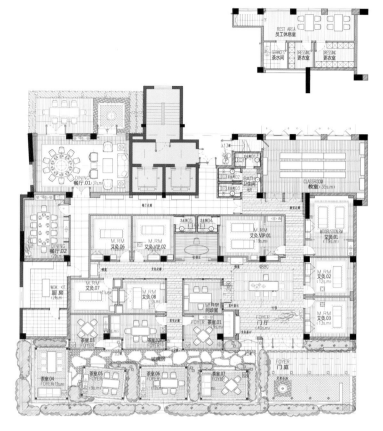

平面图

〰 进门的丝帘将天光过滤得柔和细腻，屏门开与关之间光与景不断变化，人在动，影在随，光影在变，空间在动与静之间转换

027

入口用自然的手法将天然的竹林景色和建筑人文环境相结合，青瓦自然堆叠而成的小院墙充满历史感，同时还划分出与喧闹城市的界限。雾气围绕的石臼水池和匣钵做的花盆使入口有了灵性和生命力。

夜幕降临时，会所里的小姑娘会走出来把蜡烛一盏盏点亮，水面的倒影和桥上掠过的人影便是人与自然的最佳结合， 水边木桥上的灯笼还有安全提示作用。

每扇屏门都可以打开，穿透的空间关系将竹影直接引入室内，充分向自然借景。运用光影，使室内外相互衔接，光在室内和室外之间转换，白天自然光强，室内向室外借景，晚上室外向室内借光。

各个空间相互穿透和连接，模糊了空间内与外的界限。室内灯光延续光影变化的设计，墙上挂的是业主珍爱的一幅古画，画中静止的山水与墙上光影所描绘的动态山水进行着时空之间的对话。

竹林的狭窄入口的设计构思取材于《桃花源记》。竹子做的

亭子穿插在竹林中，旨在将自然界中能看到的变成可得到的，自然光是想得到的，竹林用来调节进入的阳光强度，阳光透过竹林留下的影子让静止的空间变成动态，各个时间里光线的变化转化成空间的变化。亭子下面制造出的水雾用来表现水的印象，整个空间展现了中国宋朝文人在野外斗茶的趣味情景。晚上，竹林中的灯光亮起，室内灯光聚焦到茶亭中，结合流动的雾气，让茶亭成为谈论人生的舞台。光影的痕迹用来记录岁月。

竹林挡住了包厢侧面的光，包厢一半设在室外，形成天窗，阳光泻入房间，使光更纯净的同时，阳光给房间带来了能量。

通往艾灸的走廊，自然光与灯光在空间中交相呼应。整个艾灸区域轻松又平静，布帘的幔顶像小时候外婆家的床顶，昏暗的烛光让整个空间变得柔软。结合艾灸的热量和气息，进入忘我的状态，放松心灵，身体和精神得到双重升华。

⁂ 进入竹林的狭窄入口的设计构思取材于《桃花源记》

⁂ 室内灯光延续光影变化的设计，墙上挂的是业主珍爱的一幅古画，画中静止的山水与墙上光影所描绘的动态山水进行着时空之间的对话

铜奖

映舍茶会所

设计单位：合肥许建国建筑室内装饰设计有限公司
设计负责人：许建国
参与设计人：刘丹、陈涛
摄影师：金啸文
项目面积：480平方米
项目地点：合肥
主要材料：砖、旧木、水泥、钢板等

⊞: 外立面保留建筑原貌，合理利用设计元素，寻求自然和谐之美

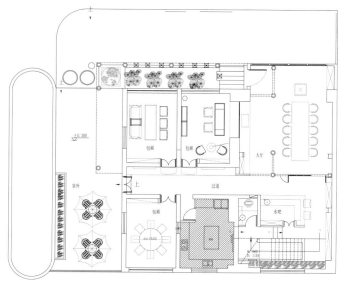

一层平面图

二层平面图

㊀ 大厅落地窗，冬日里洒入的阳光给人美好惬意的遐想 ㊀ 厅内这样的小憩之处，颇有情调

本案由建筑老厂房改造而成，建筑外观在原有基础改造为徽派风格。为了保留原有的建筑，设计时将建筑内部的墙、顶、钢窗保留了原有风貌。从外观上可以看出建筑由三间房组成，其中一间的层板和前面两间有高低落差，层次丰富。为了保持视觉上的统一，设计师在门头搭建钢板，在钢板中运用竹形镂空元素，配合灯光效果，有别样的图形感和空间层次感。朴实的旧铁管做了简单的造型，即刻变得活跃起来。

入口处，竹、沙石、陶罐成了设计的小把戏，灵活巧妙组合，相映成趣。入口大树的保留让建筑与环境自然融合。东面做了庭院，因为外部的水池是现场固有的，为了缓和水池与室内的关系，设计师采用借景的方法。东面开的窗正适合观景，看天色变幻。室内空间中，坚持减少装修，而用光线表现的原则。空间营造化繁为简，作风骨而非表皮。保留门、窗、踢脚线，把多余的东西去掉。其次，光线上的设定，除了运用大面积的落地窗采光外，还有钢板镂空竹叶的光影，或是旧木花格里投出的柔和绰约的光，自然光纯净，四时多变，更能给人自然舒适的感觉。此外，还有业主收集的一些零散的老物件，将其融入空间中，设计师运用现代手法将门窗改尺。整个空间主要运用旧木、废弃的砖，以舒适朴实为主，减少工业感。空间功能的划分上，一楼以品茶、聚会为主。此外，还有一个圆桌包厢，取"粗茶淡饭"之意。

》 楼梯
》 一层包厢，
温情如流水

》 包厢
》 大厅

铜奖

三亚半岛云邸会所

设计单位：尚策室内设计顾问（深圳）有限公司
设计负责人：陈子俊
参与设计人：曹建粤、林成龙
摄影师：梁志刚
建筑面积：5000 平方米
项目地点：三亚鹿回头南麓
主要材料：火山岩、蒙古黑大理石、烟熏色橡木等

꙰ 运用新中式和具有中式文化底蕴的设计手法营造一个"大拙至美"的空间，在保留原有横梁和柱子的基础上，增加一些横梁做平衡，在新旧交融中，凸显室内设计的意义

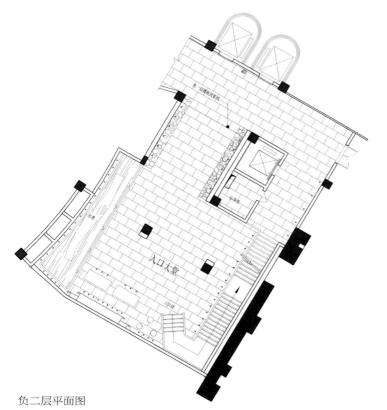

负二层平面图

瀧澹（会所名称），位于三亚鹿回头南麓的海边，在坐拥三山两湾的世界珍罕宝地上，是为中信半岛云邸小业主而设的住客会所。整个会所包含大堂、咖啡厅、中餐厅、包间、品茶室、图书馆、棋牌室、健身房和泳池等空间，总面积超过 5000 平方米。

会所位于住客大楼负一和负二层位置，主要功能区的负一层室内空间是一个长度约 155 米，类似由多个商铺并排组成的狭长又不连贯的地下空间。地理位置一边靠海，一边靠山，导致难以规划会所的主入口，甲方本设想在各座住户电梯直接可向会所便可，无意设置会所大堂或主要入口。这样使会所的总体规划有所缺失。另外，如何在每平方米 3000 元装修标准前提下营造有中式文化底蕴的新中式风格也是一个极大的挑战。

设计之初，设计师发现在负二层停车场旁边有一个横梁和柱子交错、阴暗潮湿的废置空间，便想把这空间改造成会所大堂。经过一系列的空间修正、防潮防漏处理，设计师决定在保留原有横梁

倾听内心的声动，寻找真实的自我，唤醒潜藏的力量，提高生活的品位，在纷繁的生活中慰藉疲惫的心灵，在喧嚣的尘世里享受内心的宁静，进行心灵的修行。

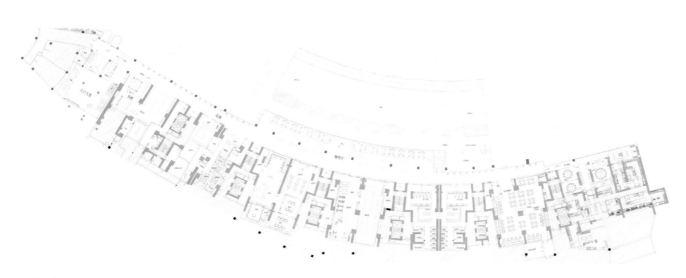

负一层平面图

和柱子的基础上，增加一些横梁做平衡，在新旧交融中，彰显室内设计的直接意义。另外，大堂的墙身用海南独有的火山岩雕砌，地面铺设强反光的蒙古黑大理石以营造倒影效果，与所陈列的明清石狮和海捞的千年乌金木相配合，让来访者有一种进入海边山洞的感觉。进口负一层中，图书馆、棋牌室、品茶室、健身房、中餐厅和包房等功能空间并排设置，设计师用低成本的烟熏色橡木仿制紫禁城殿宇中的三交六椀菱花样式做成格栅，串联这些功能空间，在统一空间感受的同时，尽显中式设计的气派。另外，把原有的户外泳池缩窄，用落地玻璃窗把泳池所节省的空间规划到室内，形成约 60 米醇香咖啡长廊。最后，在图书馆、品茶室、咖啡长廊以及通道靠落地玻璃窗位置分别陈列古代竹雕、瓷器、茶具等摆设，极大地凸显了中式文化的底蕴。

⋙ 155 米的长廊连通图书馆、品茶室、讲经堂、中餐厅、健身房等空间，古代竹雕、瓷器、茶具等古玩凸显了中式文化的底蕴。"走过红尘的纷扰，弹落灵魂沾染的尘埃，携一抹淡淡的情怀"

⋙ 酷夏炎炎，炽热如火，唯心安于静，方能有绿荫，自凉于一隅。赋闲多时，早已适于独静，习惯于一盏茶、一本书的光阴中

铜奖

彝山兰若文化精品酒店

设计单位：香港大于空间设计有限公司
设计负责人：林东平
参与设计人：俞鹏举、高佩如、李兰兰
软装设计：俞鹏举
摄影师：程世达、吴永长
项目面积：1300 平方米
项目地点：武夷山兰滩 18 号
主要材料：木质、藤编、硅藻泥、棕榈席、青石等

┅ 酒店外立面

┅ 酒店接待大堂简单朴素，却不落俗套，仿佛进入便隔开与外界的烦扰。墙上的手作画幅，带着山水的禅意，干净的木质与空间和谐相生

┅ 酒店的茶室兼早餐厅，安静地陈列着业主收集的精致器皿，有质感的肌理材质在充满自然气息的空间内，依稀可以触摸到有温度的元素——木、棕榈席与青石的房子，无声的席子，刚中带柔的藤制家具，大幅的落地窗，满目的葱翠和潺潺的流水，不知名却熟悉的草虫声，还有泥土的气息……让人跟着大自然一起呼吸

在武夷山风景区的大王峰下，一栋不起眼的破旧建筑便是彝山兰若文化精品酒店的前身。

建筑做减法，自然做加法。设计师本着"自然的环境才是主角"的设计理念，不破坏一草一木。用最朴实、低调的建材并借由地形与山林背景，最大限度地接触自然；内部设计直取设计的本质，采用大量"有温度、有感情"的木质元素和天然材质，尊重原有建筑

语汇，只保留最基本的元素。不求华丽，旨在体现人与自然的沟通，营造一席"户庭无尘杂，虚室有余闲"的栖息之地。

隔断，中国人讲究隔而不断，视觉可以穿透，身体却无法穿越。它更像人为制造风景，隔断里，属于更私人的空间，非诚勿扰。木隔断，简单而丰富，虚与实，从此可以化繁为简。

于静谧的山间，在茶室中，阳光透过丝丝竹帘洒在厚实的长

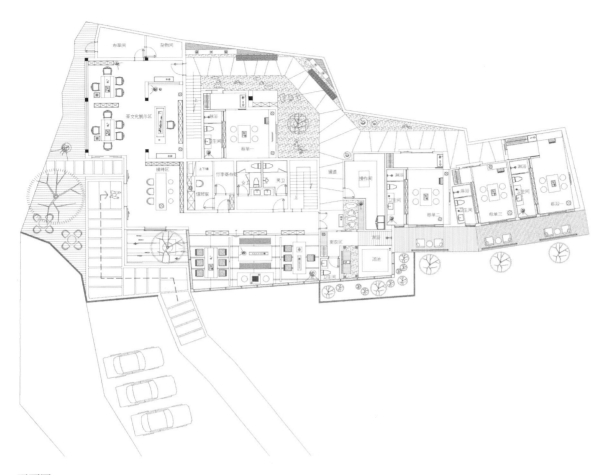

平面图

※ 酒店的长廊就是一个小型的博物展厅，陈列着业主精心挑选的藏品，还有著名漆画艺术家沈克龙先生为空间量身打造的灵魂之作，坐实"文化精品酒店"的称谓。让人踱步其中忘却了时间与空间

饭桌上。木是有温度的，生于野，安于室，木纹、年轮、榫卯、连结，摆在空间的一瞬间，又开始生长。坐下来，品杯茶，茶香氤氲中飘动着山林草木的气息，完成与茶的能量互换。

酒店二层的雅集室中，透过大幅的落地长窗，将大王峰的巍峨秀美一览无余。各地文人雅士汇集于此，觅一方净土。静、净、禅、雅，物是静物，器是雅器，茶是媒介，内心简单而丰富，如禅如悟，神思清明而幽远。

大部分客房都设有阳台，并放置藤椅，供客人休闲观景，从阳台向外望去，是一片绿林影映的池水，园林环绕，如人在景中，或漫步，或品茶，抑或闻香拾趣，皆是返璞自然的生活方式。床品皆选用棉麻质感，棉麻是一种朴素的织物，清新、自然，予人以亲近感。

多则惑，少则得，繁杂的生活，需要一个让身心静下来的场所。适当的点缀，一切都是那么刚刚好，禅意空间，是很好的癖护所。

部分客房的一面窗景面向大王峰，大面积的采光将室外绿林引入室内，似一幅天然的山林风景背景图。两人的榻椅铺上舒适的软垫，中间的升降木桌上可沏上一壶香茗，听风、观景、品茗，景不醉人，人自醉

金奖

饭怕鱼——RICE & FISH

设计单位：水木言（香港）室内设计机构

设计负责人：梁宁健

参与设计人：金雪鹏、孙琳、李新丽、谢俊、孙飘

摄影师：廖鲁

项目面积：1200 平方米

项目地点：长沙玉兰路长房时代广场 3 楼

主要材料：樟子松、螺纹钢、硅钙板、木纹砖、橡木、仿大理石地砖等

⏢ 入口
玻璃的古城门，历史与现代相互交织，打开一扇门就是翻开了一片过往的故事

　　"饭怕鱼"作为湖南本土的鱼类餐饮品牌，一直注重湘菜的传承和创新，因此，立足本土品牌、传承地域文化是空间设计的重点。体现湖湘文化的湖湘民居美学，粗犷大气与精致灵巧并存，山野水乡之气氤氲迷幻，空间设计把湖南永州古建 "大宅" 木构元素作为传承传统的依托。空间中植入木制仿古片段，作为传统的 "线"，是理念上传承写实的部分，再设计用当代装置手法重新解构传统 "大宅" 构架中的螺纹钢，这是空间写意的部分，也是当下的 "线"。通过两种手法构成传承与创新所需的线索和根基。同一片屋檐下，开放式的就餐场景唤起民居故里温情回归的生活体验，空中游弋的 "大鱼" 契合品牌定位和 "鱼米之乡" 之意。民间艺术元素，如手工竹编制品，回应了空间主题，表达了恢复传统手工艺术的美好意愿。

　　项目采用低成本、常见材料打造，1200平方米的硬装投入100万元左右，大面积白色墙体用硅钙板喷白漆处理，转角处做铁板包边，解决了中式空间所需的留白问题，并使商业空间经济耐用、方便维护。大厅完成空调消防设备安装后的层高只有4米，为了达到民居屋顶所需的尺度落差（至少1米以上），最低处低至2.8米，所以采用错落的高低屋顶满足尺度和面积过大需要的层高，同时兼备民居屋顶错落有致的层次感；樟子松的原木构架结疤眼颜色过深，与木色对比强烈，且易开裂，采用深色油漆遮罩，以达到大宅所需适度的精致。低成本的商业空间要克服材质选择面过窄、工艺成本过低和配套设备渠道不专业等问题，同时还要保持空间原有的文化氛围。

▥ 过厅
游弋的竹编鱼和通透的柱体光影阑珊，溯光而上是一段带着时光和艺术
的自由旅程

▥ 过道
原木柱廊穿越古今，弥漫的木香味象征着通往内心深处的宁静祥和

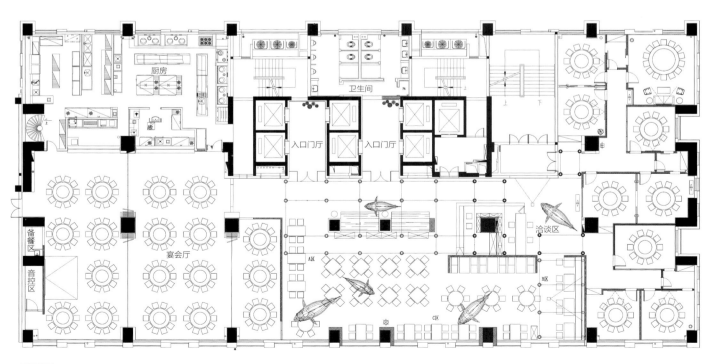

平面图

大厅 A 区

大厅

收银台

传统与当代艺术的碰撞，带来的是孩童时代无拘无束的自由

大厅 B 区
木制构架蕴含书法之蕴，用充满质感的现代家具做水墨，调和美酒佳肴，意兴阑珊

大厅 C 区

银奖

IN 道理 · 印度印象餐厅

设计单位：成都上界品牌设计事务所
设计负责人：李军、谌伦琼
参与设计人：张德超、苟川坪
摄影师：赵斌
项目面积：254 平方米
项目地点：成都
主要材料：雕花钢板等

一步一莲花，追寻信仰的足迹，踏上追寻终极料理奥义的旅程。行走在过去与现代的印度城市街道，驻足于传统与现代的恒河岸边，品尝着时尚与传统强烈冲击的印度料理，领悟着印度众神的味蕾刺激……这就是印度印象餐厅个性文化的雏形。

将印度餐厅年轻化和时尚化一直是国内餐饮业的短板。位于城市核心商圈、大型商业综合体内的这家全新印度餐厅，锁定当今85后到90后人群，以卡通公仔形象上演一段有趣的冒险故事：主人公释小伽与来自印度的好朋友梵小天，追寻佛祖的脚印（相传咖喱是佛陀发明的），踏上寻找印度的美食奥义之旅。

空间设计营造出萌次元的世界，与印度神秘的时空交错，舌尖记忆与绘偶艺术的充分相融，让用餐成为一趟刺激、神秘、兴奋的全感官体验之旅。

≫ 精心设计制作的莲花椅，上一位客人坐垫上的余温通过服务员迅速把坐垫翻成靠垫得以及时解决，宁静的色彩和触感增添了细微别致的体验

寓意恒河水波荡漾的地面，一朵朵莲花错落有致，次第绽放

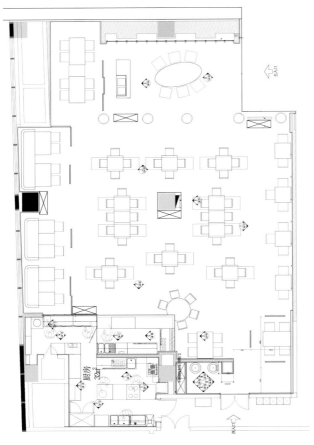

平面图

进门的五根印度文化精髓的图腾立柱打破了时空穿越的界限，从视觉的审美自然过渡到对菜品的味觉感受中，仿佛置身于恒河中飘荡的莲花，包裹着属于食客的私密空间，让你更能体会那神秘的印度风情。

整个空间以金属莲花座作为动线与布局的载体，极致地完成了个性化就餐环境的布局，灵活多变的组合方式（莲花座不能移动，但桌子可以自由拼接），充分满足了各种就餐、聚会、交流的就餐组合方式。大厅左面的金属网墙上两棵菩提树的铁艺装饰，为餐厅的各项活动提供了文化载体，印度的洒红节、时尚的年轻派对的活动布景都能在这样的环境下有所承载。

在厨房的明档区还精心设计有粉丝台，方便热衷于异域餐的粉丝们与印度厨师近距离交流，大大加强了以餐饮为源头的文化交流。

整个空间运用极简而具有文化深意的视觉符号，完成了食客们对印度文化的全新视觉体验，带着强烈的好奇心，真正地领略异域餐所带来的神奇魅力……

恒河水沉静地流动，阳光下金波粼粼，一朵朵莲花倩影轻盈，暗香浮动。这就是步步莲花——印道理！

局部

洗手间
传统的印度庙宇柱式符号，与现代工业气息浓厚
的器具，激情碰撞，温柔邂逅

菩提树下，客人或私语，或侃谈，营造别样的氛围。墙上
的白色金属架同时承载着欢愉时的分享和感悟

印度文化精髓的图腾立柱把整个就餐空间与接待门厅分割
成一处精心打造的时尚空间，欣赏精心设计的创意公仔，时
尚与美食的奇幻之旅就此展开

银奖

晋心面生活馆

设计单位：合肥许建国建筑室内装饰设计有限公司
设计负责人：许建国
参与设计人：陈涛、刘丹
摄影师：金啸文
项目面积：179平方米
项目地点：太原
主要材料：砖、旧木、水泥、钢板等

⁂ 外观形象雅致且有层次　　　　　　　　　　　　　　　⁂ 过道

⁂ 老黑板的设计构思来源于设计师对其父亲所经营的老食堂的回忆

过道

楼梯处采用局部挑空的处理手法，衔接上下空间的关系

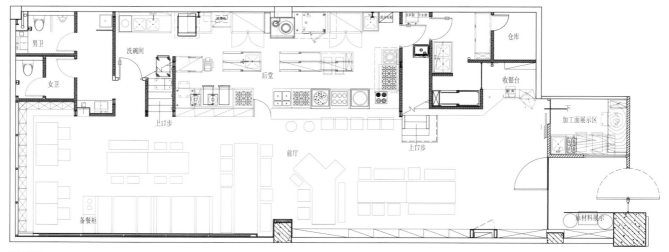

平面图

晋心面馆位于太原市亲贤街城市干道上，由于地势较高，且长，给人冰冷的感觉。设计师接到任务书时结合自身经历力求将其打造成温暖人心、让人停留的面馆。 故在设计构思上，面馆的外部造型和内部空间主要采用原木板、竹木制等元素，呼应面馆的设计理念——原生态与时尚风格的结合，打造城市、建筑、自然与人和谐共处的中间地带"灰色空间"。

功能分区上，主要分为入门前厅、操作区、就餐区三大部分。结构上，由于空间狭长，且层高较高，采用局部挑空的处理手法，用两部楼梯来衔接上下的空间关系，一方面缓冲视觉效果，另外一方面增加空间的层次关系，丰富空间的趣味性。

内部空间的细节处理上彰显设计师的文人情怀，门厅上方有圆形吸顶灯，暗示天圆地方的哲学思想。就餐区顶部有木质构建展现出来的山峰，山峰和楼梯间墙体相互遮掩，或压缩，或展开，体现交替变化的层次转换，同时也可以作为下楼梯时视线场景的景框，对视线进行引导和暗示。

▒ 餐桌的摆放求同存异，局部摆放异形餐桌，视觉效果上更加丰富有趣，同时满足各个年龄层次的用餐需求。一系列文化元素引导出的设计不在于寻找，而在于唤醒

铜奖

神秘游戏

设计单位：深圳非玉室内设计公司
设计负责人：张鑫磊
参与设计人：许志强、许金华
项目总面积：450 平方米
项目地点：深圳
主要材料：清水混凝土、密度板、钢管等

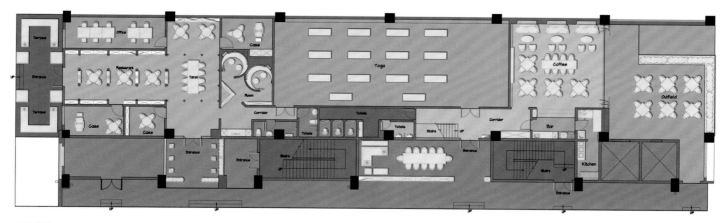

平面图

项目位于深圳市的一处工业区内，原建筑空间刚刚结束了破败的工业厂房兼厂库的状态，业主方接手时还是一片狼藉。运营团队希望将其打造成一个集餐饮区、咖啡区、音乐活动区和塔罗牌活动区的复合空间，且设计和施工周期只有两个月。

项目本身的预算造价并不高。因此，对材料以及工艺的优化成为整个项目推进过程中贯穿始终的课题。考虑到经济性、便捷的施工工艺与周期，清水混凝土成为主要材质，有了统一的材质氛围，所有空间都在迷人的灰调中得以展开。

对材料、工艺的理解使空间设计最大限度地融入环保概念，不仅所有材料均可回收利用，而且定制安装的方法既可以减少现场的污染，也节省施工周期。

参与设计人接手后，从项目的主题概念中所散发的神秘色彩入手，在偏精神层面的建筑中汲取灵感。翻阅并走访大量哥特式建筑，从挺拔向上的建筑空间结构中体会与神对话的力量感，然后将其移至空间设计，以当代构成形式，向传统建筑致敬。

由哥特式建筑引发的圆管结构设计，在空间中重组、穿插，演绎了一场哥特感觉的舞台剧，舞台剧的高潮莫过于咖啡区的一朵白色漂浮的云。坐在云朵下，感受着咖啡的浓香，这一刻，时光似乎都凝固了。

⁙ 咖啡区一

咖啡区二

咖啡区三

塔罗盘区一

塔罗盘区二

铜奖

川炉火锅

设计单位：中国美术学院国艺城市设计研究院
设计负责人：章楷
参与设计人：牟夏阳
摄影师：王康
建筑面积：450 平方米
项目地点：杭州城西银泰
主要材料：毛石、铁板、胡桃木、红椒硅藻泥、花片瓷砖、红砖等

☷ 入口门头

☷ 包厢

☷ 中心餐区

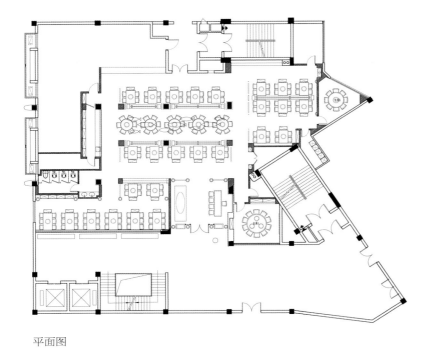

平面图

川炉火锅坐落在杭州城西银泰城，是一家川味火锅的连锁企业。本案设计力求突破原来一贯的装饰风格，打造一个充满中式情韵且独具乡土风味的餐饮空间。川者，蜀也。如何将巴蜀文化融入空间并加以展示，是本案的关键，因此川剧、脸谱、辣椒、老木板、宽窄巷、杜甫草堂等都成为设计的原料。将辣椒干拌白水泥当涂料，将脸谱在铁板上刻画出流畅的图案，用辣椒的原型用于镂空屏风等。整体风格以传统中式建筑为原型，在空间中有一个坡屋顶的中式大厅，并结合建筑原有的结构柱，形成两个廊檐下的用餐空间，两者融为一体，形成对原有建筑空间的重构。在对传统空间元素的继承上力求与当下融合，使整个空间充满中式古朴氛围，又不乏时尚气息。

传统中式的建筑门头配以现代的铁板框架，将门厅的小景立体化呈现，内部空间层层递进，意在"庭院深深"。门厅设计了一片毛石的墙面，衬托出一头健硕的牛，右侧的休息区古朴典雅。笔挺的柱子和悬挑的廊檐使人仿佛回想起小时候在门口廊檐下吃米粉的情景。两片悬挑的廊檐，以不同的角度在空间中形成别致的屋顶形态，八角窗外映衬着蓝天。中心餐区的坡屋顶与两侧的廊檐遥相呼应，鱼形灯在大厅的空中穿梭游走。

门厅

◈ 大厅侧面

◈ 大厅檐下餐区

◈ 总服务台

铜奖

好滴餐厅

设计单位：天境室内计划有限公司
设计负责人：胡明杰
项目面积：230 平方米
项目地点：台北
主要材料：木材、铁件、玻璃、水泥粉光等

回归简单、自由、本色的状态。因为不讲完美，所以更美。

去掉复杂的装饰与表面的浮华，回归空间本质。不刻意的设计，置换出更大的空间感，可替换性的机能空间，自由延伸出更多的趣味与可能。

空间设计直接显露材料的天然与本质，呈现一番电影般的怀旧场景。水幕、褪色的原木、粉光水泥、铁件，直接裸露，触感温暖，像是会呼吸一样，承载着历史，收藏着这里发生的美好时光。

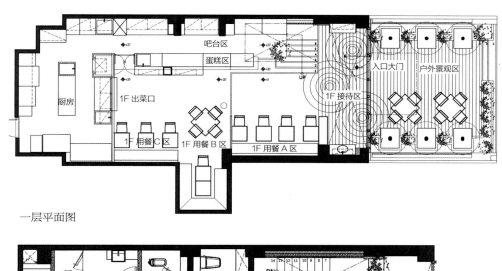

一层平面图

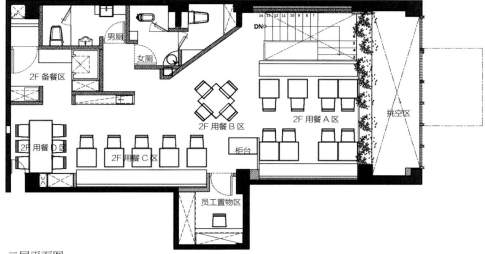

二层平面图

▦ 户外景观区

艸 接待区

艸 蛋糕柜

艸 用餐区

铜奖

HI-POP 茶饮连锁店

设计单位：肯斯尼恩设计

设计负责人：陈协锦

参与设计人：文伟、熊丽芬

摄影师：欧阳云

设计面积：50 平方米

主要材料：素描花砖、黑色格仔砖、镀锌板、喷漆、实心圆铁条等

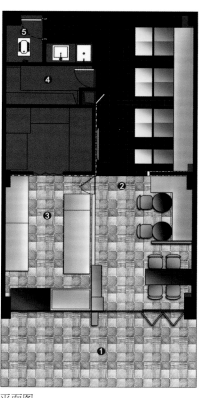

①室外
②就餐区
③开放式厨房
④储藏间
⑤卫生间

平面图

就餐区一

就餐区二

本案位于一个充满怀旧、充满年少时记忆的旧街小巷，这条街名叫 cd 街。cd 碟、玩具、精品，是当地 80 后绝对不会忘记的地方，也是 20 世纪 90 年代初当地时尚潮流的起点。如今，这里喧闹不再，没有了以往的学生潮人，没有了回忆的气息。在高楼迭起，快速发展的时代，旧小区街道也悄然没落，没有过往的喧闹，没有香港偶像歌声的街道，更多的是寂静，但回忆不灭。

本案是一个潮流品牌饮品店，品牌客户群体主要为年轻潮流人士，设计师希望将此店结合旧时回忆，打造一间继续引领这条旧街道潮流的潮店，同时结合 HI-POP 的品牌理念，通过设计来升级店面的形象，长远提升 HI-POP 的社会认知度。

设计概念来源于儿时喝碳酸汽水时，用饮管饮汽水的那种爆发感，充满气体的液体从口中瞬间进入喉咙，经过食道到达胃部，然后打一声"嗝"，这番爽快是小时候最大的满足。

基地室内空间为一个长方形的规整空间，主要运用黄色与黑色两个盒子体块，天花板用吸管元素装置，从门口一直延伸到室内最深处。串联黄色与黑色盒子，就像喝汽水时充满味道与口感的爆发一样，直入空间深处。地面到墙身的体块采用素描图案的花砖，令人回想起学生时代的"百无聊赖"，浮躁时用铅笔在纸上乱画圈圈。三者结合交织，空间相互穿插，加上简单却古怪的怪物公仔图案，营造出一个让客人回忆过往的空间。整体氛围也令人情绪活跃，潜意识地加快客人的进餐速度，从而提高店内客流量，成为当今快时尚消费的潮流品牌饮品场所。

就餐区三

就餐区四

卫生间
就餐区五

就餐区六

铜奖

榕树下的故事

设计单位：HDD 珠海横琴汉鼎装饰设计工程有限公司
设计负责人：唐锦同、唐锦道
项目面积：613 平方米
项目地点：珠海香洲区夏湾
主要材料：麦秸杆、灰木纹大理石等

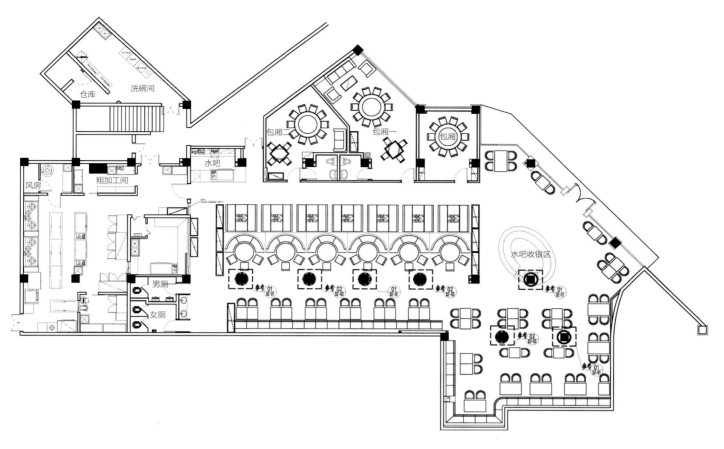

平面图

　　本案设计师采用原生态材质，意在打造一处自然、惬意的饮食场所。闹市中心，榕树下，儿时欢聚，画面氛围让每位用餐者勾起儿时与父母、好友谈笑风生的美好回忆。宁静和悠然相随，更能触动人心底的柔软，愉快地享受用餐时光。

银奖 /

左岸啤酒艺术工厂

设计单位：LAD（里德）设计机构
设计负责人：李京烨、李超熊
参与设计人：LAD（里德）室内设计组
项目面积：1365 平方米
项目地点：广东
主要材料：水泥自流平、仿旧实木地板、电镀锌方眼铁丝网、压纹铸铁板、深灰色涂料、地铁砖等

左岸啤酒艺术工厂坐落于繁华市中心旁的创意园区内，设计团队在设计前对原厂区的历史符号、当代生活状态以及该园区的改造理念进行综合考量，将原址看作一个巨大的开放"车间"，而将新的创意文化独立放置于原始基础之上，以营造一个空间上介于新与旧、时间上过去与未来的特殊区间。

将富有历史感的地板、楼梯拐角木桶，作为艺术装饰品完美地融入空间，形成独特的空间视觉落点。

从策划到执行，在保留原有时代符号基础上，留下改造过程痕迹。设计团队希望通过修旧如旧的方法，在保留原有时代符号并结合商业运营和创意实践的过程中，将其打造成一个体验性的商业艺术空间。

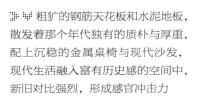 粗犷的钢筋天花板和水泥地板，散发着那个年代独有的质朴与厚重，配上沉稳的金属桌椅与现代沙发，现代生活融入富有历史感的空间中，新旧对比强烈，形成感官冲击力

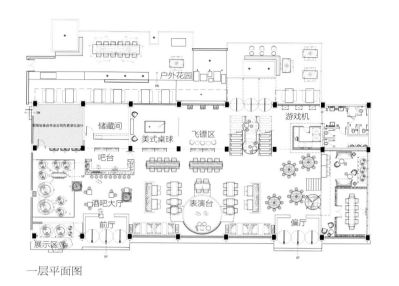

一层平面图

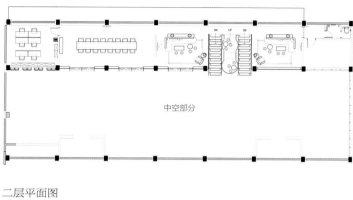

二层平面图

局部运用现代简约的工业设计手法，营造出一个充满特色的时尚休闲体验馆

꘎ 户外休闲区

꘎ 透过大面积的窗，隐隐望见窗外的绿意；建筑与自然的对话，无处不在

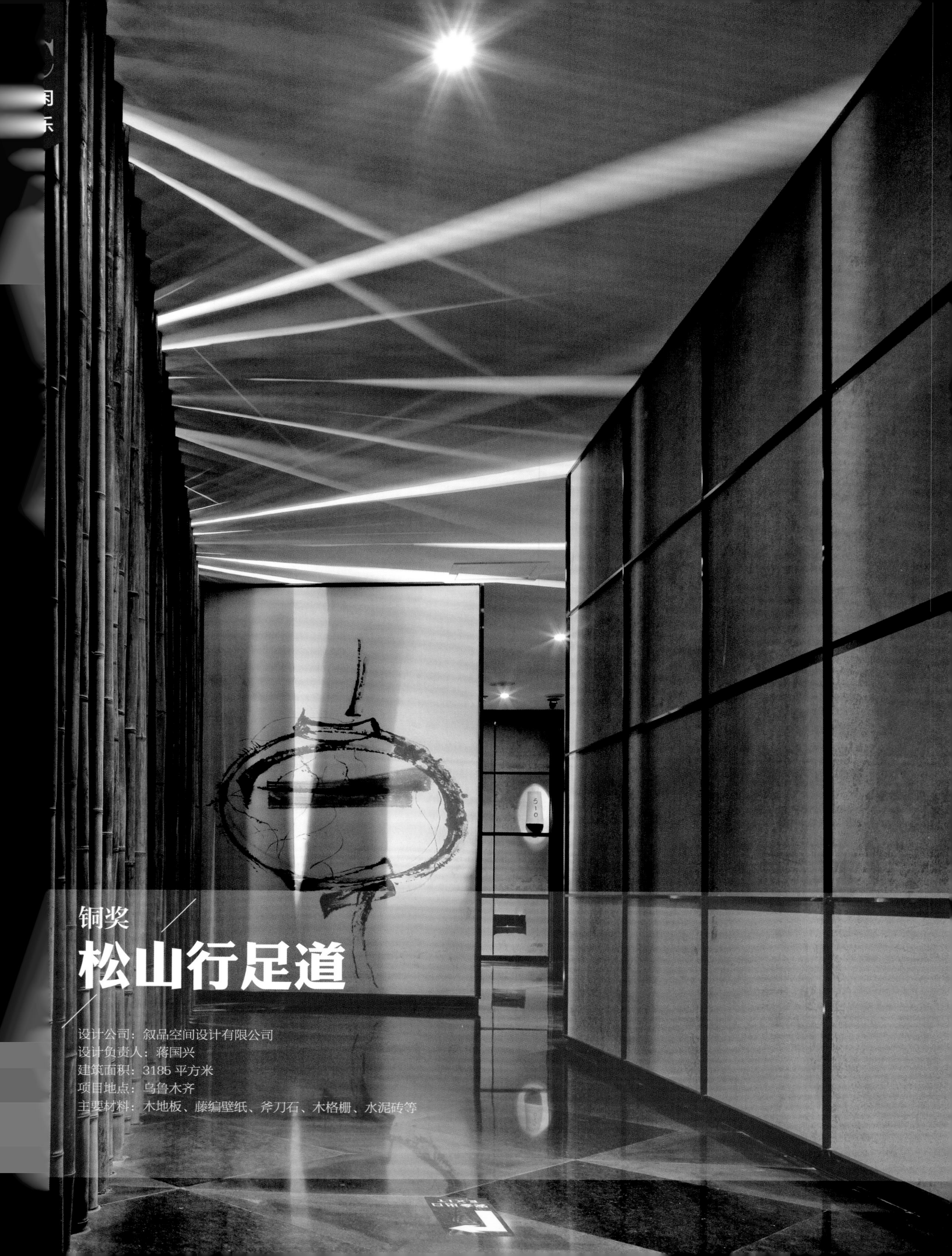

松山行足道

设计公司：叙品空间设计有限公司
设计负责人：蒋国兴
建筑面积：3185 平方米
项目地点：乌鲁木齐
主要材料：木地板、藤编壁纸、斧刀石、木格栅、水泥砖等

中国的历史长河中不乏名人靠足浴养生保健的故事：唐代美女杨贵妃经常靠足浴来养颜美容；宋朝大文豪苏东坡每晚都用足浴来强身健体；清代名臣曾国藩更是视"读书""早起"和"足浴保健"为人生的三大得意之举；近代京城名医施今墨也是每晚必用花椒水来泡脚养生。可见，足浴在中华养生保健历史中占有举足轻重的地位。

本案立足人的需求，倾力打造一个轻松舒适的中式休闲空间。没有过多的色彩修饰，没有大量的造型堆叠，一切还原材质本身的面貌，清新脱俗，不染红尘。光线、气味、声音稍纵即逝，设计师却通过对各种触觉、视觉、嗅觉的切割、糅合，带你进入一个新的国度。

大厅墙面运用竹编，并以黑色压条有序地分割。吧台背景采用斧刀石，自然的肌理，天然的质感，一切回归自然。吧台运用鱼鳞状格栅，造型在灯光的照射下，显得格外耀眼，同时运用红色瓦砖点缀，让色彩变得鲜亮明快。

整个公共区域地面采用黑金沙、山西黑、中国黑三种颜色石材拼花，尽显沉稳、低调。门采用木拼条通顶的设计手法，延伸空间尺度。过道墙面采用水泥砖，用原木色压条，有序分割，灯光透过竹林，整体空间活泼而有序。

包间顶部的竹条编织别出心裁，光束透过间隙落下来，层层叠叠，让人着迷。简洁的线条铿锵有力，使空间有了力量。

棋牌室精致的灯笼吊灯点亮了房间，映着江景，分外别致。

墙面用水墨风格的装饰画点缀，写意，给人以超脱万物、置身于仙山灵水的感觉。最简单的魅力所在，更高深的东西，只能靠自己去摸索，去体会……

茶室设计取自中国古文化，横平竖直，刚正不阿，并设置竹林景观，竹枝杆挺拔、修长，亭亭玉立，四时青翠，凌霜傲雨。竹子具有"宁折不弯"的豪气和"中通外直"的度量，性质朴而淳厚，品清奇而典雅，形文静而怡然，所谓"未出土时已有节，到凌云处仍虚心。"身处这里，不忍大声喧哗，怕惊扰这美好。

過道

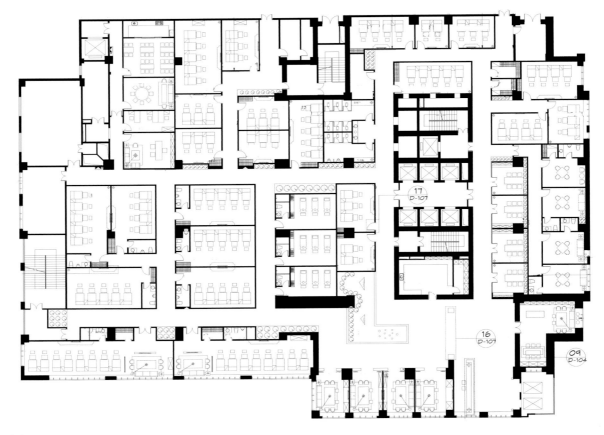

平面图

⠿ 办公室

红酒吧顶面采用镜面马赛克，配合灯光的运用，营造出低调奢华的氛围，让人领略更多的神秘色彩。

洗手间延续过道的设计手法，体现整体、统一性。卫生间墙面使用黑色线条分割，配以竹节砖，竹节寓意"节节高升"。干练之余，不至拘谨。

⋙ 休息室
⋙ 包间

金奖

假日田园，城市休闲主义

工作单位：天悦室内设计有限公司
设计负责人：谢佳妏
项目面积：1050 平方米
项目地点：东莞
主要材料：玻璃纤维加强石膏板（GRG）、柚木、梧桐木、不锈钢、马赛克、大理石等

丗 大厅视角一

　　从细节的纯粹与自然质感着手，循序渐进转化为空间的符号，连贯的线条与立面色彩，缔造整体空间的流畅与协调质感，大格局的抒放，形成大美质感，空间呈现出丰富的奢华美。

　　适度地在空间中放入各种蜿蜒、垂直、块状的木元素，表现自然之美。每个空间透过多元的方式组构，巧妙界定出各个功能区域，使空间尽显多层次变化，并形成"如风游走"的动感。律动的自由曲线，慢慢地把人的视野由真实带往心境，再由内心的投影产生安静的田园度假意境。让不同的功能在弯弯曲曲间巧遇糅合，又在转角处自然形成分岭，开创新的空间风景。

洽谈区

大厅视角二

❈ 大厅视角三

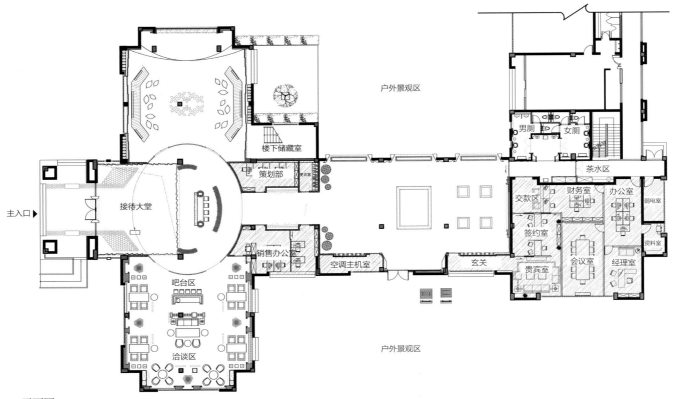

户外景观区

男厕 女厕

楼下储藏室

茶水区

策划部

接待大堂

财务室 办公室

交款区

弱电室

主入口 ▶

签约室

资料室

吧台区

销售办公室

空调主机室

玄关

贵宾室

会议室

经理室

洽谈区

户外景观区

平面图

ᯅ 大厅视角三

大厅视角五
大厅视角六

银奖／
深圳观澜湖新城购物中心

设计单位：J&A 姜峰设计公司
设计负责人：姜峰
建筑面积：8500 平方米
项目地点：深圳
主要材料：进口人造石、木纹铝板、玻璃纤维加强石膏板（GRG）、冲孔铝板、美耐板等

﷽ L4 层中庭

﷽ 电梯间

﷽ L2 层电梯口

艸 阅读区域

本项目是深圳北唯一中高端城市综合体（HOPSCA），是观澜湖地产投资 50 亿元开发的区域商业中心项目。观澜湖新城定位为集休闲、购物、娱乐于一体的大型商业中心。结合观澜湖高尔夫场的特色，使之展现强烈的地标建筑特质的同时，又与周边高尔夫球场的环境完美融合。致力于为人们营造一个欢乐、温馨、时尚、充满节日气氛的"一站式休闲购物广场"。

整个商场时尚、大气，空间层次感分明，质感十足，突出"绿色设计"的主题，使用环保材料。灵活趣味的设计手法，大量的曲面和弧线的设计元素，达到一种美学平衡。重点空间的特色造型灵感来源于高尔夫球场起伏的地形和高尔夫球杆等元素，打破沉闷的空间设计形式，时尚新颖，个性十足，符合主题式购物中心的风格定位。

地面设计形式提取高尔夫球场果岭自然形态，动感时尚的铺贴方式，融合高尔夫球表面纹样，突出主题。天花板着重强调对环境的营造，使空间自然化、生态化。窗区域侧板做特色处理，增加空间层次变化，结合灯光氛围的营造，成为中庭空间的视觉焦点，彰显空间品质。配套设施的设计，在满足功能的同时，注重氛围的营造，充分体现高尔夫球场的形态与色彩，加强空间的体验感。

铜奖

叙·再生——康城

设计单位：硕瀚创意设计研究室
设计负责人：杨铭斌
项目面积：833 平方米
项目地点：郑州二七新区
主要材料：石材、不锈钢、木饰面、墙布等

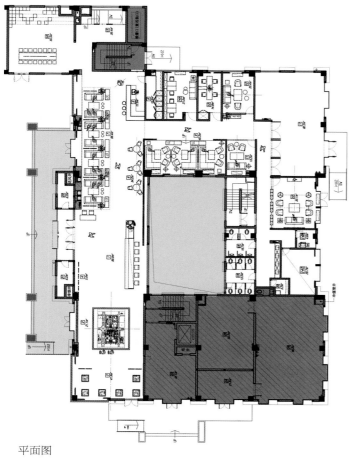

平面图

温斯顿·丘吉尔曾在 1960 年会见《时代周刊》的记者时说过这样的话："We shape our buildings，thereafter they shape us." 意思是："我们在营造建筑，而建筑也重新塑造着我们。"这就是我们所理解的：建筑，造就我们的生活。

本案通过一系列汇建筑语汇：间隔、并置、遮蔽、延续。对立地描绘室内建筑空间；传达返璞归真的意境，通过体系秩序还原其最简单的空间本质。

形体间隔，由形式感演变成实质性功能需求，当中的界定足以达成功能单元的清晰呈现与区分。

框架间的"填充体"根据自身位置、光感，以及材质特性等客观因素被理性地构建和划分，形成名副其实的功能空间。

设计师将人和空间有机结合，给予人们独特的观感和体验：内与外的关系、建筑与自然的关系、传统与当代的关系，这些系列性关系围绕着提升人们的环境体验而展开，成为身体与心灵的庇护所。

⤷ 接待区视角一

室内装饰小品一

室内装饰小品二

接待区视角一

接待区视角

接待区视角四

铜奖 ／

时尚造型

项目地址：江苏无锡中山路 313 号八佰伴商圈
设计负责人：孙黎明
参与设计人：耿顺峰、徐小安
项目面积：410 平方米
主要材料：六角黑白马赛克、不锈钢造型板、电镀古铜不锈钢、实木复合地板、喷塑铁板等

视角一

视角二

视角三

依托项目独立品牌的个性定位及独特的中心商业区位，设计师以巧取掀起话题，招揽目光，定位为"LOFT 朋克风潮"。在美容美发商业空间里描绘特有的情景故事，精心铺展的场景带来目不暇接的视觉体验，让宾客在享用与绮想中感受真实与想象。

⌖ 视角五

　　专业定制的梳妆镜运用金属、皮革及LED照明等具有工艺感的吸睛要素，通过镜面反射使空间更加梦幻迷离。精选的朋克文化大幅海报，辅以透光装饰艺术墙面，通过影像处理更加烘托空间氛围。"建构"语汇贯穿整个公共空间，金属构件穿梭游离于公共美发区域，各场域紧密的串联合一，使整个风格显得统一而洗练。在简单利落的空间格局中，仅以不同的地坪材质配置作为区分，打造出流畅的动线。明亮的剪发区与幽暗的洗发区，利用黑白六角瓷砖马赛克嵌入12星座金属图案纹样加以区分，凸显各个功能空间的属性及层次，彰显新颖、细腻的朋克艺术气息。顺势步入 VIP 区，通过定制装饰码钉窗帘隔断，空间饶有趣味，灵动静谧又尊贵高雅，为宾客们定制出别样的空间场景。

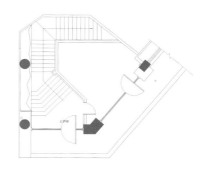

一层平面图

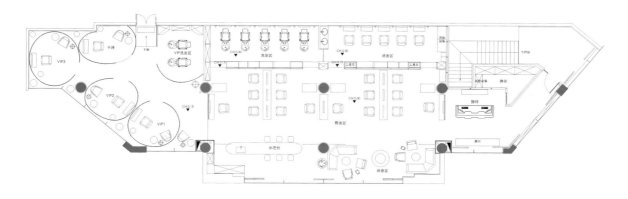

二层平面图

铜奖

艾奇诺橱柜展厅

设计单位：东莞市创达维森设计有限公司
设计负责人：麦德斌
项目面积：200 平方米
项目地点：东莞东城区愉景东方威尼斯广场 C 区
主要材料：仿古砖、烤漆板、人造石、大理石等

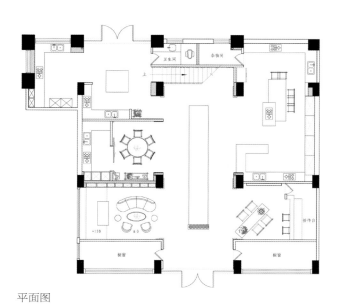

平面图

➤ 橱窗侧面
色彩纷呈，有时不只是时尚，还有快乐

过厅细节
让灵感自由释放，创造一个心灵渴望的空间

展示区一

让材质散发自身的气息，让结构表现自身的力量，带给人和缓心灵的空间体验

 楼梯造型

在功能与美学中注入情感，置身其中，触摸你的想象

设计总是追求"情理之中，意料之外"，但绝非盲目追逐和趋同，而是对空间功能梳理之后的感性演绎，用理念唤醒感官，在功能与美学中注入情感，置身其中，触摸你的想象。在这个展厅中，用灯光表现生活的情感模式，可以是高雅神秘；用不规则的造型展示生活方式，可以是浪漫不羁。设计就是这样虚幻而实在，即便阴暗柔和，亦是来自明亮而出其不意的设计念头。斑斓的光影充斥在空间中，影影绰绰，缥缥缈缈。

展示区二

展示区三

铜奖 /

LANDING CENTER

设计单位：杭州肯思装饰设计事务所
设计负责人：林森
参与设计人：郗逸冬、谢国兴
摄影师：刘宇杰
项目面积：108 平方米
项目地点：杭州下城区中山北路 281-283 号
施工单位：杭州肯思装饰设计事务所
主要材料：大理石、镜面软膜、不锈钢管、拉丝不锈钢等

海淘如鸿雁传书,联想到鸟,于是便将主题定为"飞翔的轨迹"。曲线四面而来,无定向,串联起悬挂其中的服饰。灯光是运动的,在服装上腾挪,形成动态的耀眼光斑。将雕塑艺术引入道具设计,让潮流不停流于表面。

售卖的西方商品中,更多地掺杂东方意象,用东方审美诠释西方商品。写意手法让空间得以升华,并触及深层次的共鸣。流行也好,时尚也罢,并无定势。单纯地从三维考虑空间,难免被禁锢,因此尝试用静态诠释动态,若深层解读,记录的是时间。

材料并非手段,可理解为"达成的通道"。商业摄影的介入让羽毛图形得以在透光软膜上漾开,配合暗藏的灯光,制造引力反转效果;两种规格的香槟金铁管,一个为起点,一个为终点,如白描的线条在空中随性展开;黑色镜面软膜天花板产生的屈光效果,把空间里的物品镜化出水墨画的感觉。西方材料的东方表达,体现了本案在材料运用方面的主张。

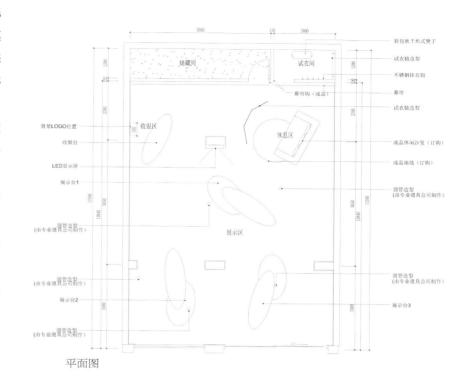

平面图

∰ 视角一

视角二

视角三

视角四
视角五

银奖

1978 文化东岸创意园办公室

设计单位：LAD（里德）设计机构

设计负责人：李京烨 李超熊

参与设计人：LAD（里德）室内设计组

项目面积：1577 平方米

项目地点：广东

主要材料：耐候铸铁板、水泥自流平、米白色涂料、钢化白玻璃、洗纹水曲柳板、深灰色仿古砖等

▥ 一层入口

这里是整个办公空间的前台，入口处的楼梯由一层贯穿至三层，将一楼的前台接待区、公共区、办公区与经理办公室巧妙连接

　　1978 文化东岸创意园办公室是造纸厂的改造再设计项目，该园区曾是增城市的标志性工业区，即"文革"时期的增城造纸厂，拥有深厚的集体回忆。设计师在充分尊重原厂房的前提下对内部功能属性进行了重新思考，在设计功能和保护工业遗产、尊重文化记忆之间找到平衡与碰撞。梯、光、石墩，一场现代与旧时的舞台剧开始了。

　　入口处的楼梯起于一层，贯穿至三层，将一楼的前台接待区、公共区、办公区与经理办公室巧妙连接，于不同人群形成不同路径，落于二层的办公空间。直线、折线、曲线，极具速度感的造型实现了整个空间功能划分，在楼梯的扶手处采用内透光的照明装饰，强化楼梯的线造型，并再次凸显空间的流动感。自然光的充分使用也是空间设计的一个重点，二层楼梯间顶部镂空造型引入自然光，随着光线的变化，空间有了表情；同时，办公区也引入大量的自然光，减少了办公用电的消耗。硬朗的设计语言与柔软的自然光相互补给，为空间增添一份生机。

　　经历几十年岁月的石墩成了整个空间的艺术品，没有任何多余材料的设置与添加，水泥墩、旧铁皮、红砖墙、旧钢筋一起构成整个空间的性格。空间的照明设计同样采用线造型的灯具，与石墩和楼梯感形成对比，带给空间强烈的现代感和呼吸的感觉。不同质感的材料相互映衬，粗粝与细腻，人为与天然，呈现出深具生活质感的整体空间。这里的一切伴随时间的轴线变成了艺术，新的生命从这一刻开始了。

二层公共楼梯间

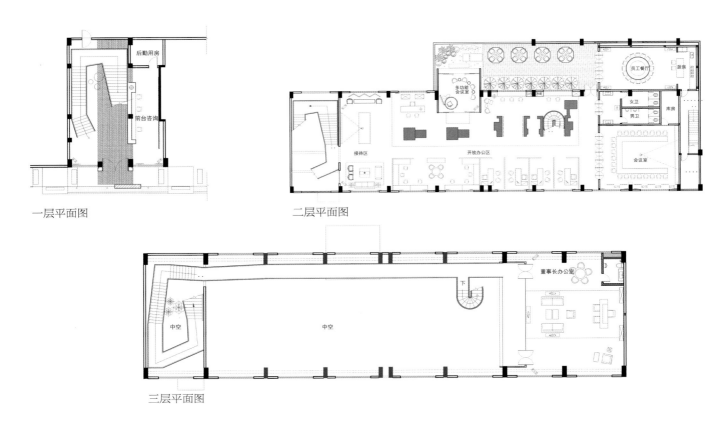

一层平面图   二层平面图

三层平面图

二层办公区
水泥墩、旧铁皮、红砖墙、旧钢筋一起构成整个空间的性格。空间的照明设计同样采用线造型的灯具，与石墩和楼梯形成对比，带给空间强烈的现代感和呼吸的感觉。不同质感的材料相互映衬，粗粝与细腻，人为与天然，呈现出深具生活质感的整体空间

二层公共楼梯间自然光引入细节

此螺旋式楼梯连接一层至三层的办公室空间，此为二层的办公空间

三层办公区

银奖

南宁理丰纸业办公室

设计单位：东莞市王评装饰设计有限公司
设计负责人：王评
项目面积：400 平方米

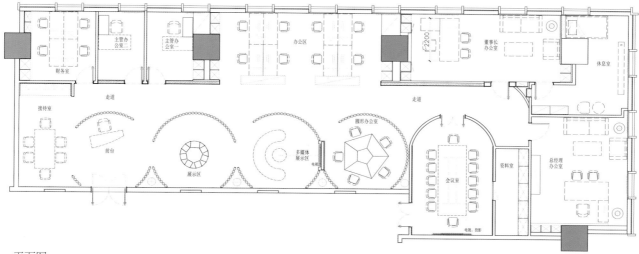

平面图

⥅ 弧形背景和异形前台的造型自然地形成空间的导向性，光线由暗至亮，也进一步引导访客趋光前行

理丰纸业是一个生产生活用纸的企业，旗下拥有"天力丰""婉庭""亨氏"等品牌，因为销售需要决定在南宁青秀万达广场设立新的办公室。

办公室位于35层，建筑面积为四百多平方米，实际套内面积不到三百平方米。在空间划分时，靠窗的位置采光充足、风景秀丽，所以弥足珍贵，主要空间（董事长室、总经理室、副总经理室、区域经理室、财务室）得以优先"享用"，以一个个纸巾卷组成的"卫生纸墙"间隔出独立空间。剩下的空间相对封闭，也没有风景和采光，并且空间间隔后愈发有限，于是几个直抵天花板的巨大"纸巾卷墙"呈波浪形排开，自然分隔成前台区、茶水区、接待区、样品展示区、多媒体展示区和销售办公区。会议室则独立处理，以满足功能需求。

圆形"纸巾卷墙"让每一个功能空间相互连接，又相对独立，但封闭的空间无法实现采光和通风，更无法解决视线的穿透，从而限制了空间的连续性，于是以小的卫生纸卷堆叠组合成"纸巾卷墙"设为新的方向。

在本案中，一方面通过装置艺术的手法分隔空间，另一方面将生产产生的"垃圾"——次品纸卷，加以回收利用。卫生纸卷柔和的质地、圆润的造型、洁白的颜色把整个办公室渲染得相当洁净舒适。最重要的是，员工每天所处的办公环境均由自己生产的产品装饰而成，自豪之情油然而生。用产品讲故事，用可持续发展的理念塑造艺术化的环境是设计师的重点诉求。

虽然利用的是次品纸，但堆叠层次形成的序列，还是让空间趣味感十足

销售员工办公区的圆形灯具和办公家具紧密相扣，形成最具向心力的空间感受

:::: "纸巾墙"围合成的弧形区域分隔成实用的功能空间，样品展示、多媒体展示、销售人员办公等，既独立又相互连接

:::: 访客一进门便可看到纸巾样品展示区，不同大小的方格陈列借鉴了珠宝和高级化妆品的展示方式

铜奖

叶禅赋

设计单位：福建国广一叶建筑装饰设计工程有限公司
设计负责人：李超、江本智
方案审定：叶斌
项目面积：1200 平方米
项目地点：福州

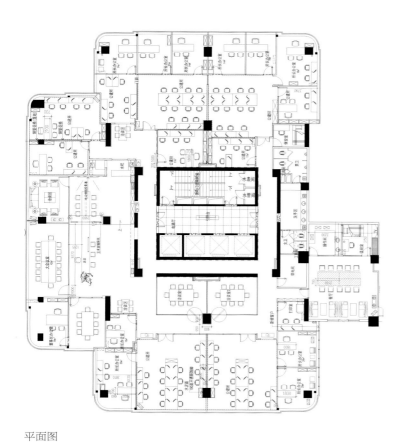

平面图

>> ❦ 宛如山脉连绵起伏的吊顶，让古松别有韵味

透过中式园林的圆窗洞借景，
看到不一样的办公空间

项目位于福州金源大广场25层，为国广一叶装饰设计机构的主要办公场所之一。中式意境不但要有环境供养，更需精神文化的濡染。在本案中，琴棋书画、翰墨书香、茶庭禅境，都作为文化内容纳入整个空间的规划中，入门区的宛如山脉连绵起伏的吊顶，极重文脉依云，使空间中具有禅味的装饰，处处呈现出耐人寻味的内敛。

设计师将中式庭院的元素景观转移至室内，注重室内与园林的对话，移步换景，形成亲近自然、亲切、多元的丰富空间。设计师赋予空间的便是这样一种使身心得到陶冶的名门雅士的生活方式。

中国的山水画是中国人情思的沉淀，设计师将山水画运用在多个空间的吊顶、墙面中，浓墨重彩，云淡风轻，气韵幽然，宛如走入中国传统文化的殿堂，只待细细品味

水墨的灯膜吊顶，山脉水墨画在木线条后连绵相融

日光灯穿插于木线吊顶中，玻璃隔断上的水墨贴膜呈现出耐人寻味的内敛

铜奖

六楼后座

设计单位：C.DDI 尺道设计事务所
设计负责人：何晓平、李星霖
参与设计人：蔡铁磊、余国能、梁一辉、曾湘茹、何柳微
摄影师：欧阳云
项目面积：184 平方米
项目地点：佛山
主要材料：柚木实木、水泥、手工花砖、黑铁、白水泥砖等

简约利落的外立面，透过玻璃可看到红色集装箱设计，引人注目。

本项目的命名来自 2003 年一部关于追梦的香港同名电影，这个名字对业主来说象征着年轻、活力、互助与梦想。

业主是一个渴望交流的人，要求整个办公空间充满沟通、玩味，渴望淡化工作和生活的界限。因此，设计师以集装箱为设计概念，采用水泥、手工花砖、白水泥砖、黑铁等工业元素，营造玩味的办公空间。一幅大大的笑脸挂画温暖了每个人的心，告诉大家"笑对人生"的积极态度。为了在有限的工作空间内形成强的社群关系，业主将办公空间划分为三个独立的办公区域及公共休闲空间，分租给一群年轻的创业者。业主与创业者相识、聚集在这里，共享空间、办公服务和创业点子，共同形成充满活力的创业社群。

这也是 80 后在各种欲望与现实局限的交织、摇摆与坚定之中，对自己的一场洗礼。

外立面

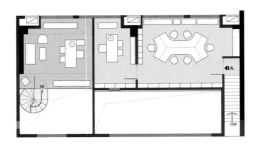

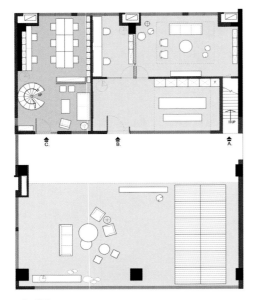

平面图

Ⅲ 休闲区
柔和的灯光下，墙上挂着大大的笑脸油画，温暖人心

休闲区

⊞ 独立办公室
以白色为主调，弱化空间的压迫感，不同材质的家具搭配为空间增添色彩

铜奖

北京·世界城·FUNWORK

设计单位：维度设计咨询（厦门）有限公司
设计负责人：廖建锋
参与设计人：谢圣海、钟江晓、陈文良、陈祖川
摄影单位：上海金选民摄影有限公司
项目面积：5300 平方米
项目地点：北京朝阳区东大桥金汇路世界城 D 座 B1 楼
主要材料：橡木、雅士灰石材、美岩板、素水泥、红砖等

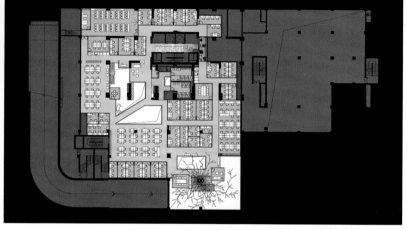

一层平面图

二层平面图

水吧区视角一
水吧区视角二

颠覆封闭、无趣、压抑的工作方式，打造全国最大的创业、办公生态社群的概念，在现在高压力的创业生存环境之下，一个欢乐、共享、开放、不同思想碰撞的联合办公氛围正是我们所需求的。于是在北京的钢铁丛林中，一个自然生态的办公氧吧就此诞生。

大量的原生态木板、绿植墙使整个空间接近原生态，营造出轻松、休闲的办公环境。过去毫无装饰的白色承重柱，也被木制所包裹，变身为一棵参天大树。树枝向天花板伸展开来，一个个树屋垂挂其中，为单调的天花板加入了自然气息。

滑滑梯、秋千椅、定制的个性办公家具、书吧、咖啡吧、水吧、按摩室、娱乐区等休闲功能大量融入办公空间，休闲和工作的界限不再泾渭分明，而是相互融合，打破以往中规中矩的束缚，以一种更具跳跃性的形式呈现出来。

 会议区　　　　　　　休闲区视角一
休闲区视角二

洽谈区

铜奖

水泥灰中突围的橙色

设计单位：杭州大麦室内设计有限公司
设计负责人：吕靖
参与设计人：邓建勇、高世娇
项目面积：3000 平方米
项目地点：湖州德清县
主要材料：欧松板、黑钢、夹纹玻璃、清水混凝土等

㎡ 过厅

厂区内的办公空间，造价极低，空间尺度极端，这些是设计者需要解决的问题，满足功能是基本条件，使用上的视觉感官、空间的品质也要保持一定水准。两个柱间，一百多米的长度，设计者希望打造一个快乐的空间，收放长宽空间尺度，跳跃不停地在空间里游玩，踩着脚下的尺度标刻，好像儿时的跳房子，一步一步奔向前方。

工业化的语言是出于对造价的考虑，也是对产业的致敬。水泥墙面各种肌理和钢筋线条造型的自然生长，若有似无，平坦流诉，犀牛的边几旁坐着黑色的兔子，橙色的小狗守护在一边，喜剧化，无厘头，是空间里让人莫名会心的事物。

㎡ 荣誉室过道

㎡ 大厅一角

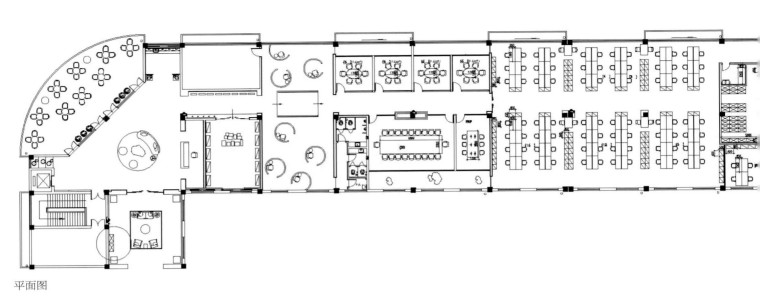

平面图

四楼大厅

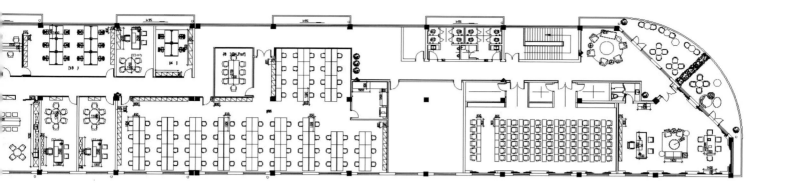

董事长办公室

大会议室

金奖 /
中央财经大学沙河校区图书馆室内设计

设计单位：中国建筑设计院有限公司
设计负责人：饶劢、刘露蕊
参与设计人：刘烨、郭林
项目地点：北京

共享大厅视角一

🏛 共享大厅视角二

中央财经大学新图书馆建筑坐落于沙河校区，设计"金·融"的立意取自对财经文化的一种解读。以书架墙为背景，即"金"——表达黄金作为价值媒介的稳定，提升空间的厚重感。 以穿梭流通的平台贯穿环绕出"融"——市场经济的流通变化和趋势，起伏的曲线丰富了空间层次。 增加的平台从设计的合理性考虑，大大提高了原建筑界面书墙的利用率（可增加藏书量约三万册），又便于对书墙界面进行整理。单一纵向的书架墙略显单调，环绕穿梭的独特走道大大丰富了室内观感。吊顶呼应的白色线条不仅使空间更加精致，也起到导引标示的组织作用。

原始建筑为室内空间提供了三个尺度较大的共享空间，因此共享区针对空间环境进行了较为亲人尺度的家具设计和照明设计，旨在营造休闲舒适的读书氛围。灯具和家具有效地结合在一起，既便于取阅，又能享受空间巨大体量带来的通透感。置身其中，感受光线漫过纯粹的混凝土板柔和地倾泻而下，形成静谧而均匀的空间氛围。

走道

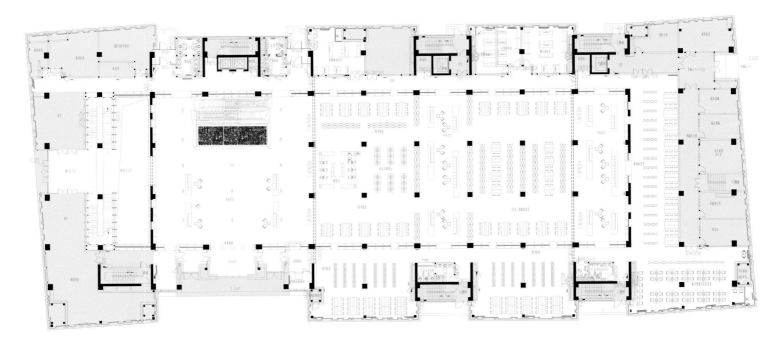

平面图

❖ 共享大厅

阅览区视角一

阅览区视角二

阅览区视角三

银奖

天津武清影剧院

设计单位：北京港源建筑装饰设计研究院
设计负责人：朱宪华、尹思谨
项目面积：34 000 平方米
主要材料：石材、木挂板、实木贴皮铝板、玻璃纤维加强石膏板（GRG）等

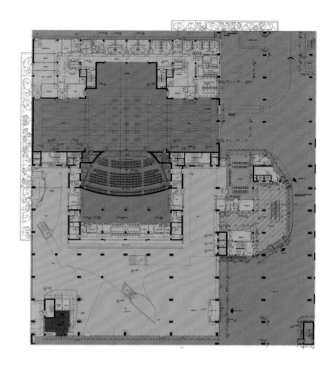

一层平面图

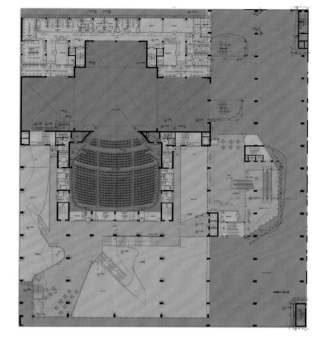

二层平面图

一层公共空间

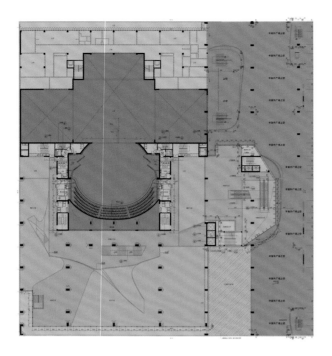

三层平面图

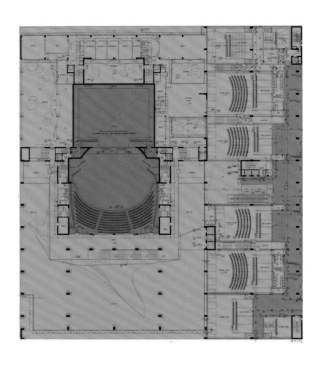

四层平面图

排练厅

影剧院身处极具现代人文气息的武清区文化公园建筑群中，外形活泼俊朗，艺术气氛浓郁。以功能划分为两大区域：剧场区和影视厅区。以千人剧场区及影视厅区为整个建筑的核心，将空间类型划分为三个部分：公共空间、职能空间和核心空间。以两区三部分为主与次的层次深入展开设计。

公共空间强调与外建筑神形的融合，充分体现影剧院类建筑的人文与艺术气质。充分利用高大空间的尺度及节奏，表现与整体建筑风格及内涵的延续关联。不同的职能空间赋予相应微变化的设计元素，充分体现丰富的文化及空间内涵。核心空间（剧场）简洁现代，典雅舒适，唯美独特。

开心剧场

银奖
桩 STAKE

设计单位：硕瀚创意设计研究室
设计负责人：杨铭斌
项目面积：900 平方米
项目地点：广州
主要材料：和纸、亚克力、实木等

艺术装置的设计理念源于"桩"。桩上舞狮，是一种融武术、狮艺、鼓乐为一体的现代道具舞；体现了佛山人积极向上的生活态度。

提炼"桩"形元素，领悟醒狮精神，不忘初心……

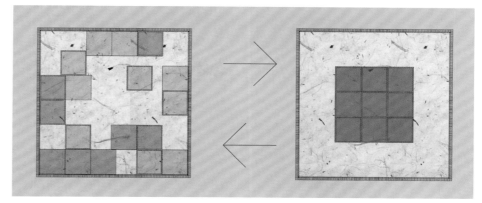

平面图

视角一

视角二

△ 视角三
▽ 视角四

银奖

天桥艺术中心室内设计

设计单位：中国建筑设计院有限公司
设计负责人：江鹏、张明杰
参与设计人：邸士武、张晔、王墨涵、张明晓、许丽伟、魏黎、李毅、张栋栋、曹阳
项目面积：74 861 平方米
项目地点：北京

次入口外观

牌楼与建筑

大堂古戏楼

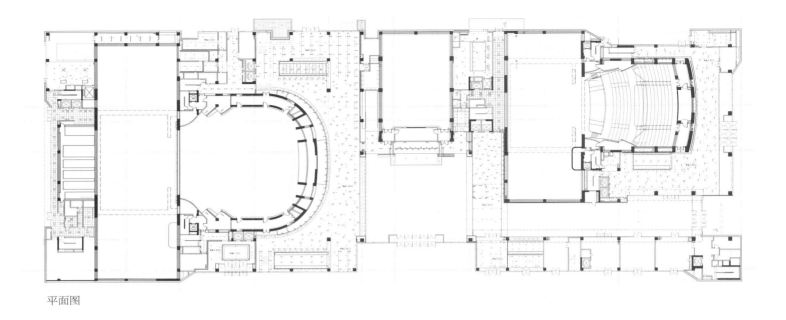

平面图

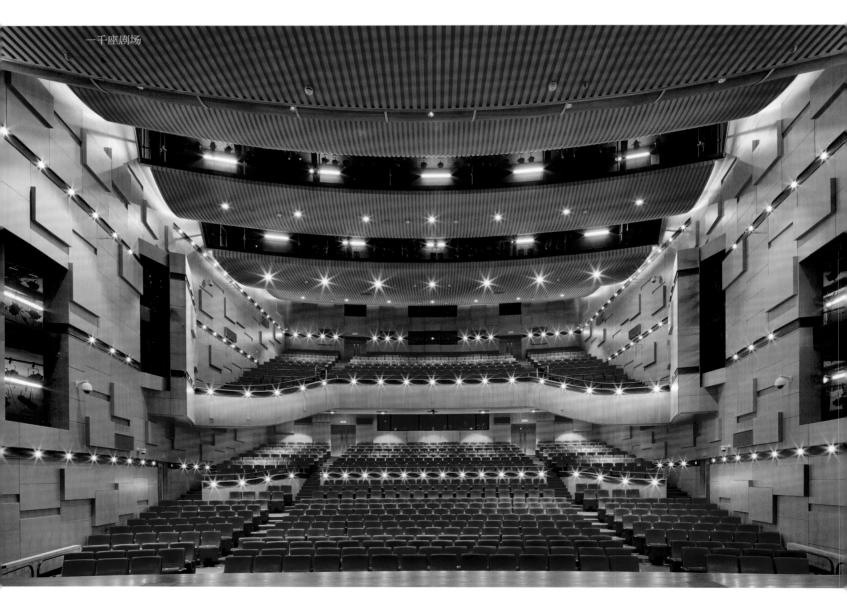

一千座剧场

1600 座大剧院

北京天桥艺术中心东临天桥南大街，南起南纬路，西至新农街，北到天桥市民广场，总建筑面积 74 861 平方米，其中地上 27 060 平方米，地下 47 801 平方米，本项目包括 1 个 1600 座大剧院、1 个 1000 座戏剧厅、1 个 400 座小剧场、一个 300 座多功能厅，以及为观众服务的公共大厅区域和为演员服务的后台区域。该项目室内设计覆盖面广，建筑设计、室内设计、古建筑设计、建筑声学、民俗传统文化、照明设计、舞台照明、软装设计、剧场家具专项设计等均有涉足，协调境外的剧场运营管理团队、声学团队、舞台专项设计公司等，综合程度高、技术难点多。同时该区域厚重的文脉与传统文化的底蕴也对设计师提出了很高的设计要求。设计中，除了准确把控并满足剧场空间对声、光、电的全部要求，更要求设计师在传统文化与当代观演空间设计中找到平衡点，将新天桥的艺术魅力发扬光大。事实上，设计师有意弱化项目中的个人因素，更多的是希望搭建起一座桥梁，吸引更多人走进剧场，在提供高品质演出服务的同时，提高观者的审美品位。

三百座小剧场

四百座小剧场

铜奖

苏州绿地中心展示馆

设计公司：上海曼图室内设计有限公司
设计负责人：孔斌
参与设计人：冯未墨、施骆伟
摄影师：冯未墨
项目面积：3000 平方米
项目地址：苏州吴江东太湖大道 11888 号
主要材料：罗马银龙玉大理石、海洋之星大理石、丝绸之路大理石、玫瑰金不锈钢、布幔、灰镜、黑镜、磨砂亚克力等

几只水晶蝴蝶，扶摇直上，黑色与镜面的折射丰富了空间的戏剧性　　360 度形成环幕的圆形的金属影音室，是了解企业文化的窗口

　　当人们进入建筑时，建筑会给人情绪的感染，使人真正感觉到这座建筑是为自己而存在。建筑如是，空间亦如。

　　作为吴江的新地标，展示中心以商业裙房为载体，是将几座塔楼与室外内街连接起来，组成一个全新的平面，将部分室外空间封闭，形成一个拥有独特情绪的空间结构。

　　水是不可或缺的精灵，经过一条水上小径进入到建筑内部。入则隐，门厅调动起来访者对空间的情绪，纵向 20 米高的入口门厅，几只水晶蝴蝶扶摇直上，黑色与镜面的折射丰富了空间的戏剧性。

　　地域文化与现代化的生活理念，作为精神性的创造活动，其中蕴含着人们对自然界、社会发展的内在规律以及未来生活方式的探索。吴江是吴越文化的发祥地，承载着历史的脉搏。越过门厅，

来到接待区，顶部是一个 20 米长、5 米宽的"天幕"，"天幕"有净化心灵的作用。地面上与其呼应的是蚀刻的"吴江赋"。

　　沿着中庭的顺时针方向，放慢脚步，是三位一体的展示模型区。设计师强调与自然融合的"天人合一"居住境界。试想：有次序、有渐变排列的布幔，若隐若现地透着天光，吸纳着空间里的每一处思想。抬头仰望，呈现上升感的布幔，带着升腾的蝴蝶，飞入云霄。泉水叮咚入耳，俯身是环绕中庭的小水漫。寓意于物，以物比德。

　　客人在体验过空间的层次与情绪之后，来到一个称为"树"的洽谈空间。温暖的色调与细腻的质感呈现出温馨浪漫的空间表情，带给人轻松、舒适的参观体验。

次序井然且渐变排列的布幔，若隐若现地透着天光，20 米高的挑高，吸纳着空间里的每一处思想

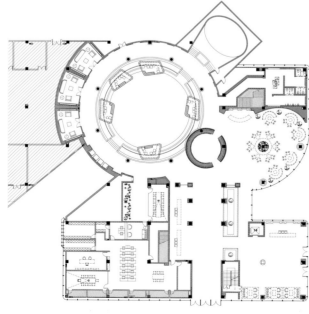

一层平面图

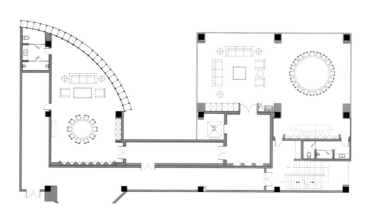

二层平面图

沿着中庭的顺时针方向，放慢脚步，这里是三位一体的展示模型区。设计师强调人与自然和谐相融，即"天人合一"的居住境界

铜奖
白教堂

设计单位：LAD（里德）设计机构
设计负责人：李京烨、李超熊
参与设计人：LAD（里德）室内设计组／建筑组
项目面积：5200 平方米
项目地点：广东
主要材料：铸铁、米白色防水涂料、洗纹焗白漆水曲柳板、高原雪、中花白、仿古砖、墙纸等

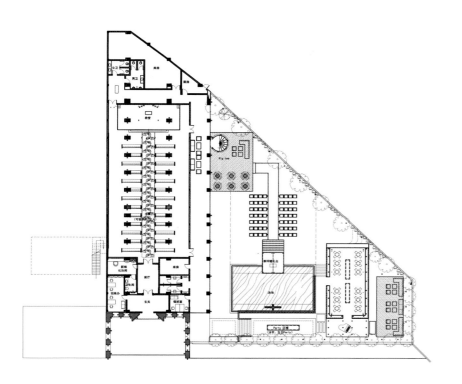

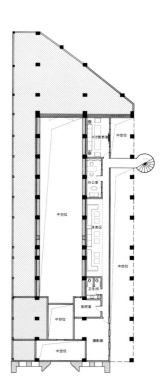

平面图

♦ 教堂外立面

项目位于城市中心的公共园区内，设计团队就所在城市人口结构以及精神文化背景的调研中发现：时代的浮躁性致使无论是否为信徒，都希望获得一处安宁、明朗、祥和的空间。在此背景下，设计师考虑委托方经济成本及对本土文化的眷顾，顺势规划建立了这座白教堂，作为精神性标志的建筑物。

白教堂从旧厂房建筑中原有不对称性结构得到灵感，再将原有空间破坏，加入柱和钢结构，改造成对称的内部结构。改造的主要介入是使建筑获得合理性的功能定义，并呈现新的建筑美学，令教堂在保留其原有建筑的基础上改造成一个符合现代设计语汇的洗灵空间。

项目使用大面积、无干扰的白色，视野在空间脱离喧嚣。主体为独立的主教堂，一幢为多功能活动用房和接待区组合而成的综合区域，在功能上将两个需求各异的空间完全分离，使之有独立操作的自由。

由等候厅进入空间，设计师高度概括了传统教堂俨然的秩序美，使人循序渐进地感受静谧，借助纯粹的对称空间和自然光线引入庄严与圣洁。外部走廊延续的大面积白色，使人增强对空间的结构感和有序感的感知，顶部几何塔楼形式的天窗允许光的表演，让光弥漫在空间的每个角落。

对于环境，设计师提出的想法是：以风景的关照建立自然与建筑共振的新关系。

✤ 教堂内景二

✤ 户外玻璃房以风琴式的装置形式，
延续光影变幻的序列空间

✤ 教堂白色建筑主体倒映于水池，在看得见的实像与看不见的虚像之间找到共同秩序，并推理出土地的新
逻辑——建筑

铜奖

智慧开封展示体验中心

设计单位：AF 工作室
设计负责人：潘绍利
参与设计人：李建红、欧阳湘豫、马鑫
项目面积：960 平方米
项目地点：开封
主要材料：多媒体设备、地胶、乳胶漆、玻璃、铝板等

∴ 大数据概念区

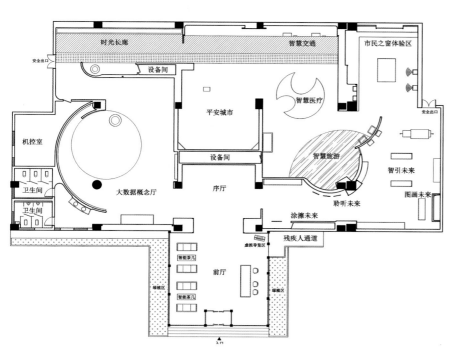

平面图

随着社会的发展和不断进步，大数据的应用已经迅速渗透到工作与生活的方方面面，并指引现代城市走向未来。为了更好地宣传智慧城市的概念，让普通百姓理解体验到大数据应用所带来的各种便利，本案从展示示载体到空间表情的塑造全部采用多媒体表达形式，充分利用各种前沿科技成果。自展厅入口的 OLED 透明显示屏上的"虚拟导览"开始，到展厅出口时的"涂画未来"板块，都结合开封元素和大数据应用现状而特意编写了各种不同程序和 APP 应用。在体现科技进步的同时，尽可能拉近大数据与观众的距离，让受众在短时间内"看得见""摸得着""感受得到"智慧城市的发展和未来。

ᆥ 在展厅出口处用手机 APP 扫码,观众可领　ᆥ 隐喻大数据分秒变化的背景墙
取已体验过的智慧项目的纪念品

ᆥ 自上而下的圆形有效地遮挡多余的光线,提升了内壁投影的质量

꙰ 智慧智造展现着大数据时代的古城新貌

꙰ 时光长廊流淌着古城的过去、现在和未来

꙰ 图画未来、聆听未来和涂擦未来添加了观众的体验乐趣

铜奖

回·万物归宗

设计：C.DDI 尺道设计事务所
设计负责人：何晓平、李星霖
参与设计人：蔡铁磊、余国能、梁一辉、吕灼明
摄影师：欧阳云
项目地点：佛山
主要材料：冲孔钢板、镀膜钢化玻璃、竹子等

这是一个承载对故乡感情及对万事万物追本溯源思考的建筑装置。

3米×3米×3米的立方体，自上而下俯看着整个空间的横截面，竹子墙和外立面墙的两个方形拼出一个象征"归宗"的"回"字。

一条能容纳一人通行的单向走道就此辟出，观众从外面的世界由狭小的入口独身进入，和着带有神秘的背景音乐及虚幻的光影缓步绕行一周，透过根根竹子的间隙，看到摆在空间正中央的南狮和牛皮鼓白胚，犹如经历一场由外到内的旅行。

从空间层次上看，从外界环境到外立面的钢板材料，到内墙的竹子，再到被竹子围起的传统原型，经历了由现代到古老，由新到旧的过程。

装置以奇妙的方式邀请参观者穿越、游历，旨在讲述人类在探索科技与追根溯源之间重拾生命至高本源的真实历程。

⇛ 装置内竹子墙

⇝ 装置日景：自下而上俯瞰整个空间的横截面，竹子墙和外立面墙的两个方形拼出一个象征"归宗"的"回"字

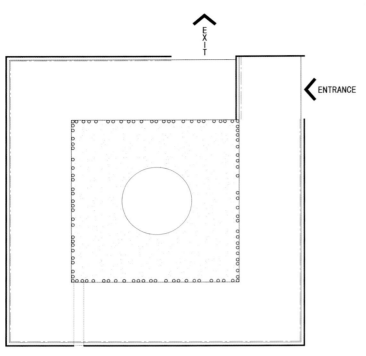

平面图

装置入口

装置内景：外立面与竹子墙开辟出一条能容纳一人通行的单向走道。阳光透过钢板洒落点点斑驳，与游走的人影相得益彰

装置内南狮及牛皮鼓细节图：透过竹子的间隙，可看到摆在空间中央的南狮和牛皮鼓白胚

装置内景：外立面钢板用穿孔的方式拼
出佛山名称和地图，处处流露人文文化

铜奖

杭州 G20 峰会会议中心

设计单位：北京建院装饰工程有限公司
设计负责人：刘方磊、张涛、江蓝、闫志刚
参与设计人：陈静、孙传传、智殿龙、刘山林、王宝泉、赵成、董兵、刘卫茂、张玉芝、邓春杰、张杰、
王重为、王韬、高申初、马泉凯、贾静、苏贤、魏景峰、丁菁、杜丽新
项目面积：85 万平方米
项目地点：杭州
主要材料：米色系石材、木纹铝板等

杭州 G20 峰会会议中心占地面积 19 万平方米，总建筑面积 85 万平方米，主体建筑由地上五层和地下二层组成，以展览、会议、酒店、办公为其主要功能。设计师在非常短的时间内梳理了原有的 85 万平方米的建筑空间，将其设计成充满国际高端会议礼仪感的空间序列。设计方案充分体现了"大国风范，江南特色，杭州元素"这一峰会主题。

会议区以"廿国共宇小瀛洲"为主旨，通过主会场室内的空间构成，在进一步体现中国风范、中国特色的基础上，突出"廿国共宇、合作共赢"的发展理念。

具体设计思想以"水墨中国"贯穿，是基于 G20 峰会会议需求考虑，也是基于杭州 G20 峰会对中国、浙江以及杭州深远的意义，更是基于当前国际形势下中国在国际政治经济关系中的地位。"水墨"象征单纯、自然、平实中蕴含丰富与奥义，水墨相调，舍形而悦影，含质而趋灵，水墨契合江南的烟雨蒙蒙，同时也是浙江地域文化的委婉表露，符合杭州的城市气质。"水墨"象征包容、交流与融合，作为国际峰会的会议场馆，力求体现出中国历史与艺术脉络；另一方面，水墨是灵动的，随着水墨调和幻化出万般姿态，

代表中国顺应时代、应势利导、顺势而为的政治智慧，象征中华民族几千年延续传承的灿烂文明。

各层公共空间通廊以中国建筑形态中的传统"屋檐"的概念延续到空间之中，顶部与墙面造型结构巧妙契合，结合建筑模数关系，墙面材料选用米色系石材，重要空间墙面选用木纹铝板，地面米色石材搭配灰色石材。顶部采用微孔吸音白色铝单板，在蕴含"水墨中国"概念的同时，体现功能性与视觉节奏感。

国家之盛事，国企之使命，设计师之责任。继北京 APEC 首脑峰会雁栖湖国际会议中心之后，面对 G20 主会场项目面积大、设计周期紧等诸多难题，设计师肩负使命，深知任务之艰巨，不容有失。从北京 APEC 峰会到 G20，中国以引领者的姿态出现在国际舞台的中心，而北京建院装饰设计，在国家举办有国际影响力的大型活动都以创新的设计展现在世人面前。G20 盛会，中国正在为更美好的世界搭建一座连接当下、通向未来的牢固桥梁。而北京建院装饰设计，也将在助力 APEC 和 G20 盛会之后，用设计智慧担负使命，致力未来。

✲ 迎宾大厅采用中国传统建筑中的"厅堂"布局，给人均衡稳固之感。在高度为 15 米的迎宾大厅两侧，由六根白色壁柱呈列队欢迎之势，每根壁柱饰以衣宫灯为设计源头的中式传统元素；两侧分别采用白色玉石与烟雨江南石搭配，大面积白色石材配合局部铜线与深色石材，体现中国江南建筑的意境与形态。丰富的顶部结构与立面暗藏"水墨中国"的设计理念。高大挺阔的铜门排列有序，雕刻着盛世华章的祥云，体现大国风范与气势，成功营造出浑厚庄严的仪式感

▓ 主会场

▓ 领导人休息室走廊

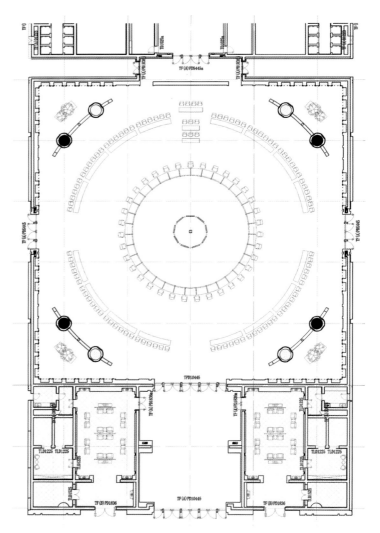

平面图

午宴厅

一层多功能厅

四层多功能厅　　　　　　　　　　　　　　　　　　　　　电梯厅

银奖

酷博健身会所

设计单位：深圳源墨室师设计有限公司
设计负责人：方飞
参与设计人：李波、李娟、王威华
摄影师：周思彤
项目面积：3000 平方米
项目地点：昆明
材料：清水混凝土、塑钢、水泥砖、钢网等

设计来的灵感源于桥梁的桥墩，桥墩架起拥堵城市中的环线，代表力量、坚硬、纯粹、朴实，更多时候强调城市中人们的生活压力，需要一种力量和方式契合当代人的生活，从而传递出"动""静"的力量。项目加入了许多坚硬和挺拔的灰色，与周边的竹林相呼应，起到很好的景化作用。高级灰加钢琴黑绝对有范，结合本案的名字，极致而富有力量的情怀，摒弃喧闹与躁动，回归纯粹健身的追求。

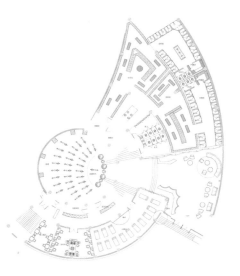

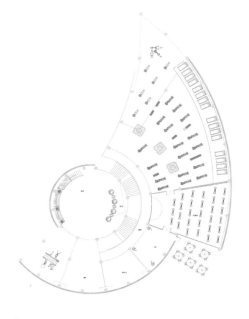

⊞ 一层平面图   ⊞ 二层平面图

⊞ 二层楼梯入口

凸 二层大厅

凸 二层大操房

凸 二层跑步室

一层前台

更衣室

铜奖

五象健身

设计单位：徐代恒设计事务所
设计负责人：徐代恒
参与设计人：周晓薇、卢富喜
项目面积：3578 平方米
项目地点：南宁青秀区
主要材料：黑色铁艺、金属铆钉、水泥墙面、栈色木地板等弧形接待区近圆形的接待台、四周围绕木栅格，延续至天花板，聚集顶中央，发散式的设计成为空间的视觉焦点。前厅的沙发休闲区和健身大厅之间由通透的落地玻璃串联起来，让视野更加开阔。透过玻璃门可参观其中的健身设备，即使还没进去也能充分感受整个健身房的活力。

空间呈全开放式，由彩色落地玻璃围建，光线透过，色彩缤纷，现代感十足。巨大的半圆灯罩和粗壮的黑色三角柱分散在空间里，黑色铁艺配金属铆钉，水泥色墙面配木饰面和浅色木地板，柔中带刚，透出一点野性。

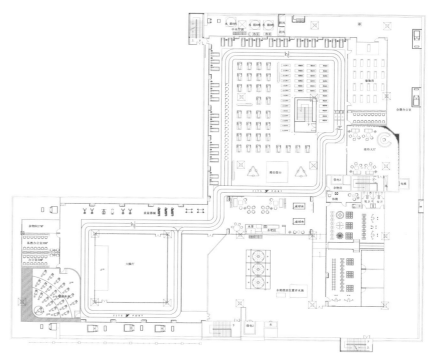

平面图

健身大厅之间由通透的落地玻璃串联起来，让视野更加的开阔

黑色铁艺网格透着排列的灯光，室内也有室外的别样感受

空间呈全开放式，由彩色落地玻璃围建而成，光线穿过，色彩缤纷，现代感十足

巨大的半圆灯罩拓展了视觉空间，突显张力

弧形接待区近圆形的接待台、四周围绕木栅格，延续至天花板，聚集顶中央，发散式的设计成为空间的视觉焦点

粗壮的黑色三角柱分散在空间里，黑色铁艺配金属铆钉，水泥色墙面配木饰面和浅色木地板，柔中带刚，透出一点野性

铜奖

上海轨道交通 11 号线北段二期装修设计

设计单位：华东建筑设计研究院有限公司、上海现代建筑装饰环境设计研究院有限公司
设计负责人：王传顺、马凌颖
参与设计人：曹兰兰、李桅、王莉娟

11号线北段二期装修作为北段一期的延伸段在装修上延续了"城市风景线"的主题,通过标志色的运用、主题墙的设计、站厅通道口的设计、出入口的设计等方面延续了北段一期的风格与特点。这些共性特征使整条线在视觉上形成了整体,体现了"一线一景"的设计原则。

　　同时,由于二期站点穿越城市主城区,在原先概念主题下更加突出人文景观,丰富原来的主题,多层次体现上海的城市魅力。在这些车站中选取了上海交通大学站、徐家汇站、上海体育馆站、龙华站四个地标车站,着重渲染城市的地域文化。

　　基于龙华站独特的地理位置,业主在设计之初就要求装饰结合佛教文化。然而,设计师最终的表达是含蓄而写意的。彩陶壁画作品由中国陶瓷设计艺术大师蒋国兴主创,题为《龙华钟鼓》,采用陶瓷装置艺术壁挂的形式,以晚钟、皋鼓、山门、佛塔为具象,辅以牡丹、飞天、祥云等图饰,形成"龙华晚钟、众生普度""百年牡丹、千载民俗""盛世中华、欢欣鼓舞"三大主题。

　　交通大学站2号出入口与钱学森图书馆相连,因此此通道定义为"科学与艺术的长廊",用钱老的手稿公式组成设计元素,通过艺术的构成和肌理的处理使整个通道充满艺术性,同时让人感受到历史与知识的洗礼。

　　徐家汇站充分利用车站建筑空间,借助金属圆管构成连续界面的穹顶空间,每跨中月亮形状的受光面形成序列,构成手法简洁、有气势。整体车站大气且具有很强的识别特征。

　　上海体育馆站整体装饰富有活力与动感。斜线分割出的一条条的灯带给人完全不同的视觉体验。局部采用透空吊顶与周边的金属挂片,图案虽同,但却是一虚一实。常规的材料通过设计特殊的语言组织形成一个灵动的空间,丰富旅客的空间体验。

⫶ 由金黄色的顶棚、柱头的如意纹饰、主题墙的书法字等构成的室内空间充满禅意与韵味。由艺术家定制的富有东方色彩的龙华彩陶壁画更成为整个车站的点睛之笔

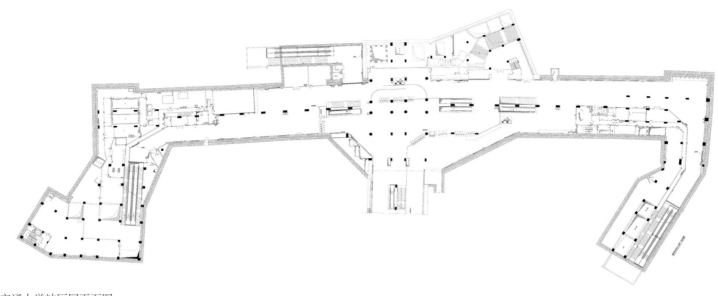

交通大学站厅层平面图

🕸 交通大学站融入公共艺术且对通往钱学森图书馆通道进行个性化设计,整个站厅装饰采用圆管以及穿孔铝板结合环形图案,使室内空间灵动活跃

※ 徐家汇站充分利用车站建筑空间，借助金属圆管构成连续界面的穹顶空间，每跨中月亮形状的受光面形成序列，构成手法简洁有气势

※ 上海体育馆站整体装饰富有活力与动感，斜线分割出的一条条的灯带给人完全不同的视觉体验。常规的材料通过设计特殊的语言组织形成一个灵动的空间，丰富旅客的空间体验

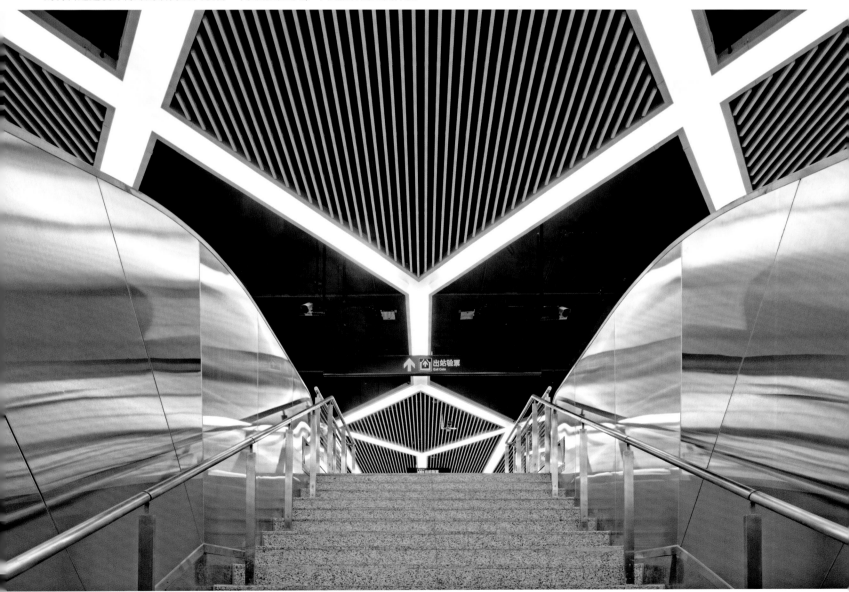

金奖

道尔顿实验学校

设计单位：佛山市城饰室内设计有限公司
设计负责人：霍志标、黎广浓
参与设计人：黄涛、卢俊杰、李业森、邱金焕
项目面积：60 000 平方米

艺术展示区

入口

道尔顿实验学校由其乐教育投资有限公司投资兴建，位于佛山市禅城区南庄，占地约 4 公顷。设计师采用双重视角，即成人和儿童的视角，用以规划不同的功能空间，让成人亦可投入这个专属小朋友的国度，真正塑造出有助发掘他们学习潜能的空间。设计师刻意摒弃由成人想象儿童的心态，以双方作为出发点，塑造一个发掘孩童潜能的学习空间。家长也是这个过程的重要成员，在整个过程中，让成人也重新学习儿童看世界的角度，同时促进家长、老师和小朋友之间的对话、互动与共享的空间。儿童学习空间需要达到以下的目的：模仿、沟通与游戏。模仿与沟通由小孩的角度出发，儿童会通过模仿成人的行为从而达到学习的目的。每个出入口处设有一个儿童高度的入口，这些细微而简单的动作，拉近了大人与儿童之间的关系。

▥ 教学楼内一角

学生食堂

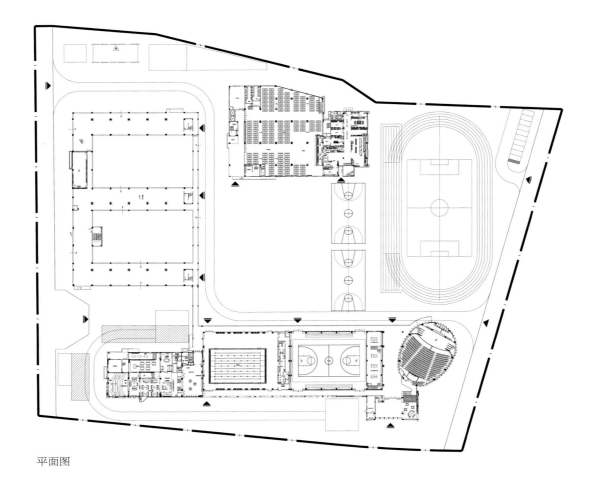

平面图

Euler · 欧拉

Elites Education
Activate Childhood

银奖

北京欧拉（EULER）幼儿精英教育中心

设计单位：中国建筑科学研究院
设计负责人：解连锋、陈依依
摄影师：陈依依
建筑面积：5000 平方米
主要材料：烤漆、彩色水性涂料、软包、瓷砖、环氧自流平等

欧拉幼儿教育中心项目定位为国内一流品质、拥有国际化幼儿教育理念的超前幼儿精英教育中心。本案运用"六边形""拓扑学"及"虫洞"三种设计理念，使空间形式、装饰风格与欧拉的教育理念完美地结合在一起。

"六边形"以其特有的方式存在于自然界中的各个角落，象征坚固、团结、高效的精神。本案在前厅及家长论坛区域运用"六边形"元素，营造出巢穴般的安全感受。采用颜色各异且富有多样变化的六边形组合，形成高度上的层次延伸，营造具有冲击力的视觉效果。

拓扑学具有广泛联系各种实际事物的可能性，一个多样化的拓扑空间可以促进儿童在数学、运动、逻辑思维等多方面更好地发展，在欧拉教育理念中具有重要的应用地位。同时，"拓扑"概念也贯穿本案的整个空间形式，设计师通过对无边界、连续性、变化性等拓扑要素在游乐空间、建筑形式、人流动线上的应用，构建一个完美的拓扑空间形式。

"虫洞"是时间、空间及宇宙科学的象征性元素，应用在空间形式上可以激发儿童的游乐趣味和对科学的追求和向往。本案在空间联通形式上大量运用"虫洞"的概念，作为思维穿越的桥梁，连接学习与娱乐，同时呼应益智建筑模型玩具，实现建筑装饰与学习方法的有机融合。

本案把多元化的教育理念融入空间设计，通过空间形式促进教育理念的体现和应用，使空间成为儿童玩耍与学习的舞台。

通往二层走廊
拓扑斜坡设计

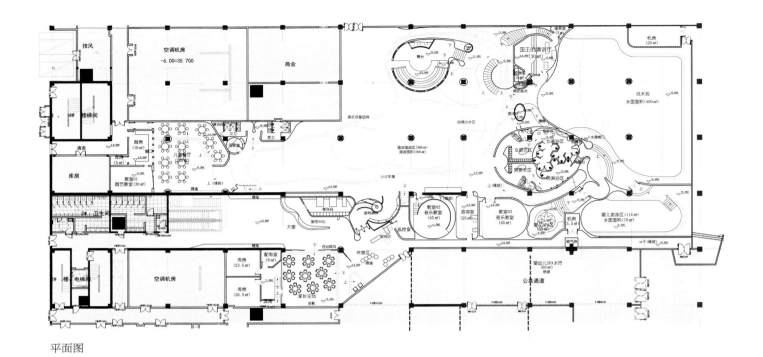

平面图

丗 泳池
丗 音乐教室

丗 更衣室
丗 戏水池

火车道

游乐区

戏水池

海盗船

铜奖

"小小社会，大大课堂"——霞浦爱咪幼儿园

设计单位：福州多维装饰工程设计有限公司
设计负责人：谢智敏、张键
摄影师：李迪
项目面积：9000 平方米
项目地点：福宁德
主要材料：PVC 地板、仿古砖、水曲柳生态板、彩色乳胶漆、木塑长城板等

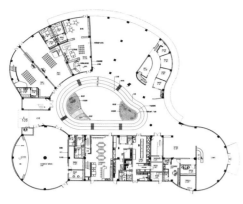

一层平面图

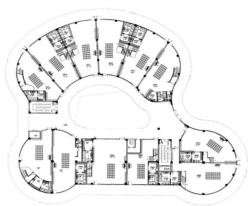

二层平面图

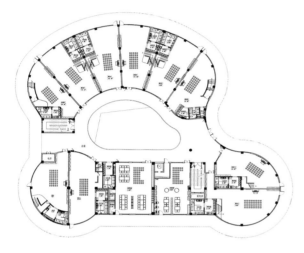

三层平面图

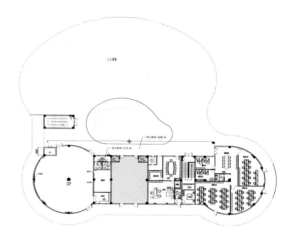

四层平面图

幼儿园入口厅：圆弧形的空间设计，木色、白色搭配黄绿色，营造出充满质感、简约温馨的入园环境

绿植中庭环岛设计，配合交通分道和斑马线地面，模仿社会生活的场景空间

🐾 模仿社会生活的美食小店，让儿童玩中学、学中玩

🐾 探究室：仿真草皮配合绿色调，营造自然环境下科学探究的环境

这是一所楼面积为 9000 多平方米的幼儿园，充足的建筑环境为儿童提供了丰富的活动空间。本套设计设计师从陶行知的"生活化教育"理念出发，在满足班级活动室空间需求的前提下，充分利用建筑资源条件，将空间规划重组。配套设计有仿成人社会的小小商业城、建筑中庭的中央公园、环绕公园的街道马路、多功能美食坊、复式结构的图书馆、美术专项室、科学发现馆、淘气堡游乐城以及音体活动室等空间，构建小小社会，解放孩子的头脑、双手、空间、时间，使他们充分得到自由的生活，从自由的生活中得到真正的教育。

这是一个圆环形建筑，所有空间围绕椭圆中庭展开。阳光是这个空间的主宰，洒落的光影在地上、在墙上、在左、在右……配合自然光斑。设计师以圆点为装饰元素，在白墙、木色的背景下绿色、黄色、橙色、蓝色的圆点跳跃于墙面、吊顶，大色块的装饰营造出清新自然、简洁温馨的幼儿园环境。此外，大象、蜗牛、蝴蝶是激活空间的另一趣味元素，它们或停在门口，或躲在墙角，或是戏弄在圆点中，或趴在地上……和孩子们互动着。

这是一所回归自然社会且充满趣味和学习元素的幼儿园环境，设计师将教育内涵融入空间，让儿童玩中学、学中玩，以空间促发展，体现设计的价值。

儿童绘本馆，多元的阅读空间，简洁干净的色彩，俏皮的小象造型，营造富有童趣的阅读环境

金奖 /
梁宅
/

设计单位：星艺－谭立予工作室
设计负责人：谭立予
摄影师：谭立予
项目面积：400 平方米
项目地点：广州市
主要材料：白漆、木皮、水泥等

客厅全景

平面布置图

楼梯与墙体分离是为了将阳光引入一层

舮 电视隐藏在一个有"建筑感"的柜体中

　　家对于居住其中的人而言，真正值得珍惜的并不是华丽的外表，而是其中承载的记忆和情感。因此，让家在日复一日中自动刻录居住者的情感，是最奢侈，也是最动人的。

　　白色主调是强调光线的一部分，浅木色搭配从天台投射下来的阳光，不仅让空间看起来更加开阔，而且氤氲出家的温暖。在这个家中，设计师将擅长的光线"雕刻"运用到了楼梯旁边的水泥墙上。行走在楼梯之上，看着墙上的光影，你大体便可知道当时是什么时间。楼梯本身，是一个立体的园林。设计师非常在意人在上楼梯时的空间体验，每一个转身，都能看到不同的风景。

一层楼梯下的光影

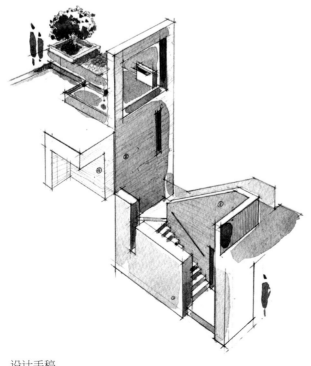

设计手稿

墙面肌理

业主在家中住了一段时间后，可根据光影的位置推断出时间

楼梯空间与屋顶花园的对景关系

203

银奖

柏拉图式的禅缘

设计单位：福建无印良品空间设计有限公司
设计负责人：陈绍良
摄影师：施凯
项目面积：160 平方米
项目地点：福州汇创名居
主要材料：水曲柳、木蜡油、青石板、黑钛钢、仿大理石地砖、灰木纹大理石等

从玄关到大厅，整个空间以通透明净为主脉，巧妙运用借景、隔景、框景等造景手法铺陈开来，使内外空间相互呼应，平凡中暗藏惊喜。既不刻意，也不显寡淡，让人在其中不觉拘束。过道与错落的大厅之间被木格栅间隔而布，让空间与空间之间紧密关联，达到"移步换景，错落有致"的空间效果。几乎满墙的圆形大窗，如画框，充分借景，将错落的木条和抽象山水画圈入画幅，远景和近景相得益彰。虚实相生的意境之下，让人与景之间的对话，成为可能。所借之景，有大有小、有高有低、有远有近、有圆有方……

方案中最有趣的莫过于卧室的隐形门，打破了传统的房门做法，给空间增添了不少的趣味性。

➿ 几乎满墙的圆形大窗，如画框，充分借景
➿ 富有张力的大厅空间

平面图

空间的尽头美如画

木格栅间隔而布，打造"移步换景，错落有致"的空间

一切皆是禅缘
客厅与餐厅的空间极具穿透力

银奖

书香路李宅

设计单位：长沙鸿扬家庭装饰工程有限公司

设计负责人：李宏亮

参与设计人：熊雨欣

摄影师：朱春林

项目面积：160 平方米

项目地点：长沙天心区书香南路 288 号御文雅苑

主要材料：山纹水曲柳、银白龙、波斯灰大理石、灰色半哑砖、单层实木地板等

平面图

門 门厅

門 过道

_ﬦ 客厅

一桌、一椅、一书架、一窗，
仅此而已，别无他物。
有故人至，茶待客。
无友人来，闭门读书。
用最舒服的方式，生活；
用最自在的角度，阅读；
用最从容的态度，放松。

空间的重心，由书房发散开来，
客厅、书房与餐厅空间形成一个完整的区块。
通透的玻璃隔墙，洒下落地的光影。
形成视觉上的延伸，放大了空间的尺度。

现在，我们彼此相对；
听见，来自空间的声音；
延伸，且改变⋯⋯

∷ 卧室
∷ 书房

铜奖

设计之外，遇见生活

设计单位：天工室内计划有限公司
设计负责人：唐至俐
项目面积：198 平方米
项目地点：台中
主要材料：大理石、不锈钢镀钛、胡桃木地板、英国手工印刷壁纸、仿壁板造型壁纸等

当曾经远去，那些美好的记忆如何留存？是作一首诗让它在纸上停顿，还是保存过去的影像以便随时重温？或毫不作为让它深埋心底？本案是全新的住宅空间，但讲述的却是曾经、记忆和质感的融合，古典与现代的邂逅。

流畅协调的格局体现了一种可视化的干净，这干净饱满而丰富，本身即是一种独特的设计。它让背景不仅仅是背景，成功烘托出家具和室内装饰品的质感，同时也饱含对历史和文化的尊重与追求。

丰富的光线带给室内宽敞的视觉感受。得益于细致的木工活计，空间呈现出一种难得的手工感。这种手工并非陈旧的，而是清新的，带着对过去的缅怀以及对未来的期待。

俯拾即是的绿意，人生知识的堆砌收藏，艺术音乐的体会感动，不仅仅是生活片刻的累积。它让人走出设计之外，遇见生活。

꧁ 软装细节

꧁ 客厅书墙

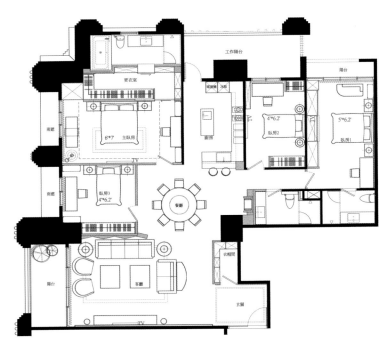

平面图

餐厅   餐厅

卧室

卧室

卧室

铜奖

陈宅

设计单位：星艺－谭立予工作室
设计负责人：谭立予
摄影师：谭立予
项目面积：400平方米
项目地点：广州市
主要材料：白漆、钢板、灰玻璃、石材等

ᒣᒣ: 围墙的高度刚好挡住了树干，数不清有几棵树，于是便经常想象墙外是一片森林

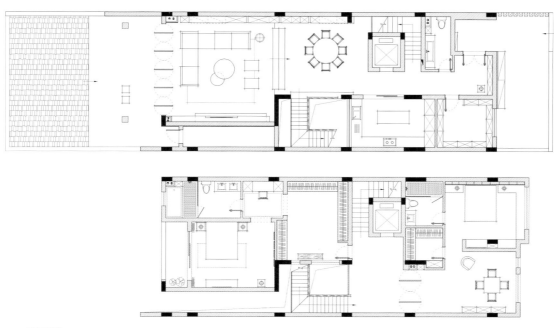

平面图

花园围墙以谦逊的高度围合出室内外空间，温和界定开生活的喧嚣与静谧。如果说围墙外是一片森林，那么墙内则是一个安静的角落，空无一物，除了建筑本身的材料触感与落叶。原本并不起眼的采光井因为楼梯的设置成了垂直交通的一部分，结合四季光影的变化使别墅内部有了纵向的时空感。家庭成员在楼梯平台相遇，充实着每一个日常的偶然。每个私密空间的开口方式取决于居住者向外窥视的角度，家的生命力在于空间对人与自然的包容。

꠵ 开口的方式取决于里面的人想如何窥视室外
꠵ 空无一物的花园是客厅空间的延伸

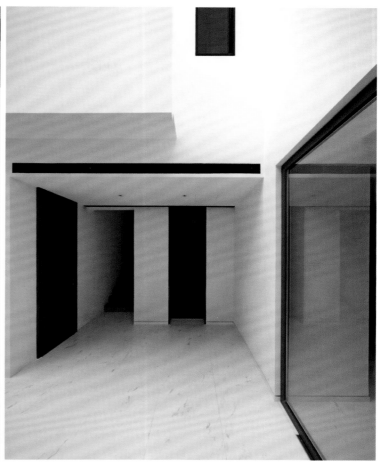

▥ 楼梯是家里唯一的造型　　　　　　　　　　　　　　　▥ 楼梯交通平台，是室内，也是室外

沙发后的储物柜让墙面变得有体积感

铜奖
朽木之缘

设计单位：鸿扬家装吴才松设计工作室
设计负责人：吴才松
参与设计人：吴才松设计工作室
建筑面积：120 平方米
项目地点：长沙
主要材料：旧木板、白色墙漆、灰色仿古砖等

将废弃的朽木重新置于空间中

但凡提到"朽木"一词，中国人多数会想到古语"朽木不可雕也"。从某种意义上讲，朽木的确难雕，看看朽木的本质：即将腐烂化成尘埃。其实，大千世界，万事万物，最终又有哪一样不会是一粒尘埃呢？

然而，如果试着去接受朽木的本质，与之建立某种情缘，也许你会明白，朽木也没有那么难雕，甚至会觉得它本身美而无须修饰。我们也会因此重新认知这个世界。

本案将收集的旧房子废弃的朽木重新置于空间中，空间形体就是木头，或纵，或横，或是本身的弯曲；剥去一切形式感，就连背景也是一纸白墙。白墙通过"投影电视"变幻时空，它可以是春夏秋冬，也可以是山川湖泊。用朽木设计成大小不一的方盒，可以用来做书架，也可以取下来用作凳子；这种静与动的随心互换，就像是空间从不缺少生命，也就有了意义。

用朽木设计成大小不一的方盒，可以用做自由组合书架，取下来用作凳子，装饰与功能完美结合。"坐垫"式的沙发，可以席地而坐，更能拉近人与空间的距离

旧木料垂直列放，形成廊柱，地面与廊柱将空间进行分隔，分隔的小空间又融入大空间之中

平面图

用旧木板做床头背景，方盒在这里作为书架或床头柜，这种静与动的随心互换，就像是空间从不缺少生命

方案类

金奖 /

sirah 的困惑

/

设计公司：湘苏建筑室内设计事务所
设计负责人：徐猛
参与设计人：郭娅君、姚阳艳、谭文凭
项目面积：1150 平方米
项目地点：长沙天心区

如果生命的春天重到，
古旧的凝冰哗哗解冻。

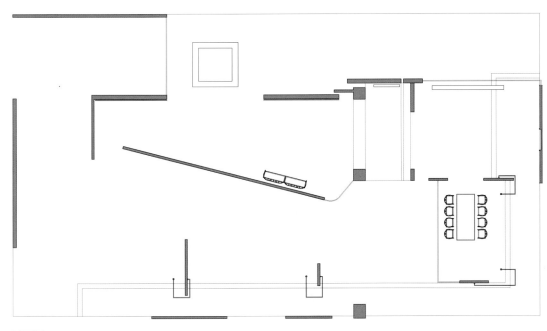

平面图

它们只是像冰一样凝结，
而有一天会像花一样重开。

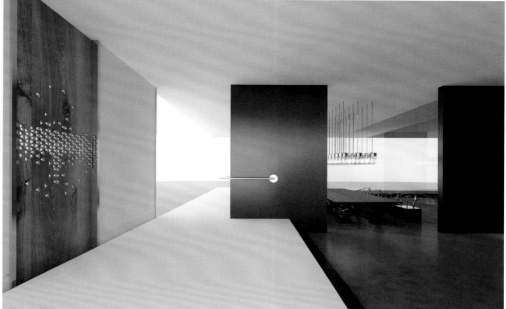

它们只是像冰一样凝结，
而有一天会像花一样重开。

那时，我会再看见灿烂的微笑，再听见明
朗的呼唤——这些遥迢的梦。

银奖

念山

设计单位：长沙鸿扬家庭装饰工程有限公司
设计负责人：张月太
项目面积：300 平方米
项目地点：石门县壶瓶山
主要材料：当地青石、素水泥、玻璃、梓木、白色墙漆等

"石匠都是雕塑家"，这是我小学时候上图画课看了米开朗琪罗的"思想者"之后的认知。我的家乡在湘西北的深山里，那里盛产青石，所以也有很多石匠。每当他们开料凿石时，我都会跑去围观，我喜欢听錾子在錾在石头上的声音，也喜欢看石匠们把一块块青石錾成方方正正的体块，好像他们想錾成什么样就能錾成什么样。我喜欢从这块石头跳到那块石头，喜欢将石匠们錾下来好看一点的残料装进书包，这种感觉很好，有力量，有温度，有质感。

多年过去，现在的石匠好像越来越少了，取而代之的是机器切割打磨，效率很高，但是灰尘、噪音已无法让人接近，而且，出来的石料已经没有人工錾出来的那种痕迹和自然，顿时感觉失落。

今年，准备多年的"回山落宅"的计划终于实施。对家乡爱恋情结直接影响了我的选址及用材，旨在尊重自然，让家乡山川及盛产的青石作为建筑空间的组成部分，它们相互渗透。室内空间是开放的，让空气在空间里自然流动，与远山融为一体……

小时候最喜欢给我裤兜塞石头残料的那个老石匠被我找来了，第二天，他便带着行头随我上了山……

从楼梯间看一层卧室

二楼会客厅

二楼客厅及餐厅

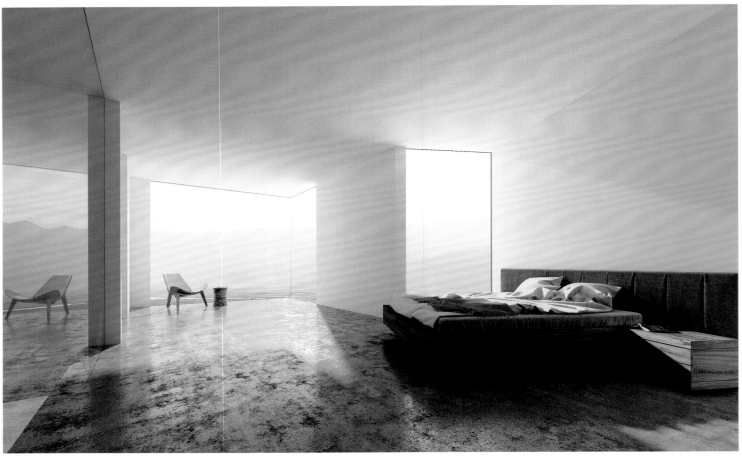

二楼卧室

二楼客厅透过天井看卧室
二楼卧室透过天井看客厅

一层平面图

二层平面图

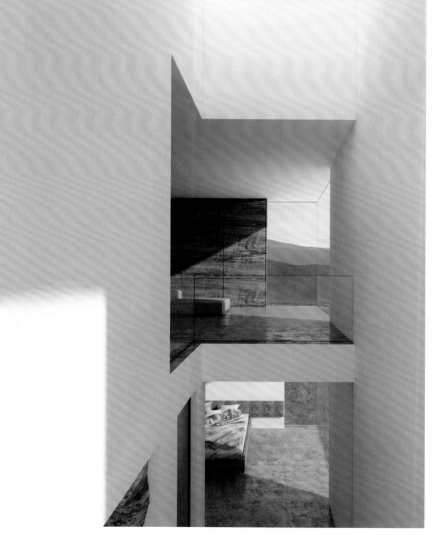

Poetic Tea House 诗

铜奖

诗意茶居

设计单位：凡本空间设计事务所
设计负责人：李成保
项目面积：250 平方米
项目地点：洛阳恒生科技园
主要材料：乳胶漆、方管、硅酸钙板、白色的坪漆、席、绢丝等

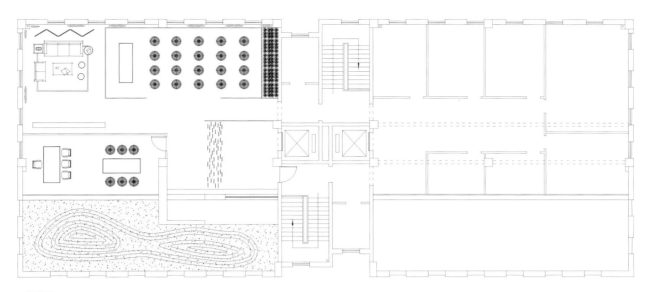

平面图

本案力求做到静、空、禅，回归人的初心。因此，整体色调运用大面积的白色，空间布局合而不堵。

入口处采用绢丝软型卷抽，空白的卷抽令人深思，同时具有隐约感和飘逸感。户外平台则采用枯山水的表现手法，石子、拜帘、淡墨，整个空间空灵幽远且充满诗意。

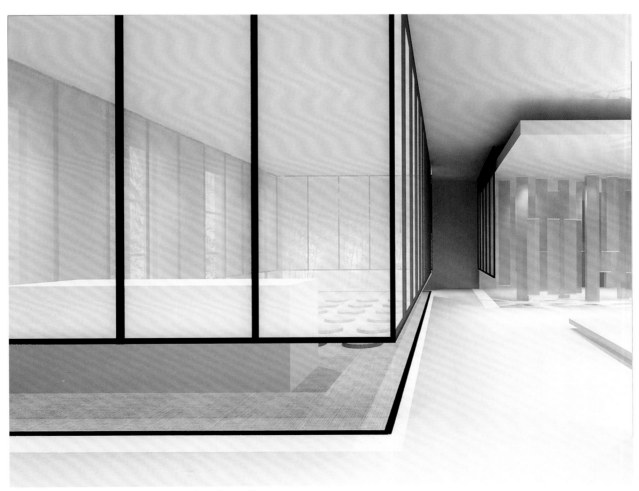

▥ 整体色调运用大面积的白色，空间布局合而不堵

▥ 动与静的对比
▥ 茶室墙面淡漠山水使空间充满禅意

⁂ 屏风墙体的离地使空气可以流动

⁂ 软性的卷轴和禅房的丝网状屏风墙体使空间空灵静谧

⁂ 入口处采用绢丝软型卷抽，空白的卷抽令人深思，同时具有隐约感和飘逸感

铜奖

上海 OMG 电竞中心

工作单位：上海市室内装潢工程有限公司
设计负责人：毛强

※ 透过门厅两侧的通道可以看到电竞区的舞台，这里也是人员分流的通道，向前走可以进入观众区及 VIP 贵宾室，向左是对战区，向右是 VR 体验区。形象墙的背面则是贵宾室和直播间，抬高 60 厘米的地面保证观众区能安装更多的伸缩看台，同时也为 VIP 提供场内最佳视线。右侧的陈列墙利用全息影像及虚拟现实技术，全方位展示俱乐部的历年荣誉及最前沿的电竞周边产品

※ 电竞大厅舞台两侧造型由立方体堆砌而成，可以根据不同需求灵活组合，同时便于各种灯光、音响的设置。立方体由金属板、金属网、光学玻璃组成，它既是一件充满科幻元素的现代装置，也是很有价值的灯光架、音响架。结合舞台正中的 LED 大屏，同时也可与两侧的巨大立方体组合，变幻出无穷的交互场景。天花板的巨大管道无法遮蔽，我们从废品收购站搜集了很多打印机、喷绘机、洗衣机等各废弃家电及机器，通过重新拆解、组装、上色悬吊到天花板上，与原有的各种管道、设备巧妙组合，它可以是电影里的变形金刚，可以是游戏场景里的一个不明飞行物，也可以是一个巨大的装置艺术作品

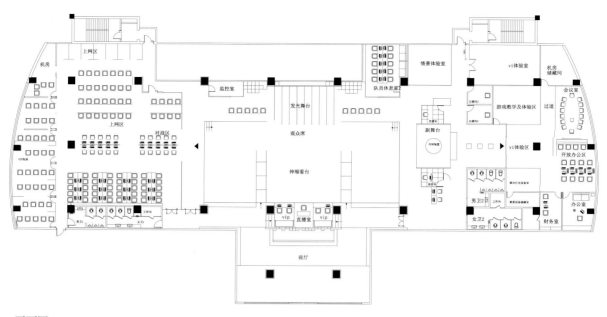

平面图

电竞大厅 2 电竞大厅除了承办正规的赛事外，还能举办各类小型演唱会、时装秀、新产品发布会，并适合各类新媒体艺术的展示与发布。原泳池下沉空间被巧妙的设计成观众席，使用电动伸缩看台，有比赛或演出时是标准的阶梯式座椅，平时收起一个空旷的下沉空间，以便举办各类活动。根据不同活动的使用需求出发，大厅可以灵活设置三个表演台，大厅中央的发光舞台由半透明白色钢化玻璃制成，地面预埋可编程的 LED 串灯，稀疏的点阵可以在舞台上映射低分辨率模糊影像，本身就是一件前卫的影像艺术作品。舞台右侧巨大的金属 BOX 内放置一个发光星球装置，收起后金属方盒就变成一个临时的表演台，左侧的玻璃立方体与之呼应，构成整个空间的中轴线，也可作为另一个表演台，以满足不同活动的需求

꜔ 对战区 2　对战区中间位置特设两个立方体玻璃方盒，作为 5 对 5 的电竞，区除了能满足有更高要求的玩家，也能举办非正式的比赛。玻璃方盒由金属框架支撑，方盒上的三维网格线框和隔墙玻璃的半透明云层在暗藏 LED 灯的照射下，晶莹剔透，如漂浮在半空，让来者仿佛置身于游戏世界

天花板延续电竞大厅的设计风格，天花板随意扭曲折叠的金属网与金属板结合，就像电子影像从线框到模型的渲染过程，漂浮在半空的陨石阵由金属网编织成一组组装置艺术作品。由金属线条、金属网、金属板、玻璃组成的立方体搭建起整个电竞馆的架构，大量使用的金属网赋予这个架构以表皮，而通过现代装置投射出来的光与影则是整个空间的灵魂（此图为 SketchUp 草图大师模型直接导出的二维图形，未经任何渲染及后期贴图）

꜔ SketchUp 模型截图 2　几乎所有 3D 电子影像及游戏的制作均由线框开始建模，然后通过渲染达到仿真的效果，这是一个从 2D 演变成 3D 的过程，也是一个从虚拟发展到现实的过程。空间设计力求表现这一变化过程，让客人参与其中。从另一个角度来看，空间设计反其道而行之，由实体向虚拟退化，把游戏者从现实空间倒拖入虚拟世界。设计中大量使用的网格、线条，即初始的 3D 线框；透明、半透明一直过渡到实体，即电脑渲染。程序员让虚拟越来越仿真，空间设计则把真实场景变得虚拟化（此图为 SketchUp 草图大师模型直接导出的二维图形，未经任何渲染及后期贴图）

铜奖

录米 · 米路

设计单位：湖南美迪赵益平设计事务所

设计负责人：唐桂树、匡颖智

参与设计人：唐鑫宇、郭俊杰

项目面积：800 平方米

项目地点：某县新农业示范基地发布中心

主要材料：天然石材、槽钢、原木板、钢化玻璃、钢板等

建筑外景

过道

现代农业科技示范区是一种集现代生物技术、种养殖技术、农业工程技术和信息管理技术于一体的新的组织形式，也是农业和农村现代化建设的示范基地和样板。它可以有效推动整个农村与农业科技的全面发展，同时提高城市的生态环境质量和休闲娱乐品质。该项目位于示范区中的一个办公会务空间，为更好地融入这个大区域，同时突出其象征意义，周围尽量少设遮挡视线的建筑物，旁边就是示范区的试验田和荷塘，以形成一片原野风光，向人们展示具有农田肌理的大地景观。

空间的内部设计不拘泥于单一的设计流派和思想，使设计中的框架、结构、空间和色彩显示出多元复合的设计理念；将简约与唯美、清晰与朦胧、真实与虚幻的具有多维互补的设计语汇——消解、重构。在多元复合的结构中建构富有创意的视觉空间，同时让整个空间呈现出一定的领域特性。通过简约的手法强调个性，通过简洁的材料创造鲜亮的空间形式，通过简单元素之间的对比，呈现出具有时代感的形象。

整个空间外墙大量运用钢化玻璃幕墙，使空间的视野开阔，让室内与室外紧密联系。钢板、原木等材料地融入使空间更加自然质朴。金黄的稻谷与室外稻田交相辉映，起到画龙点睛的效果，使空间的领域特性表现得更加明显。材料与颜色的搭配共同体现出功能与艺术的完美统一，契合了健康环保、可持续发展的设计主题。

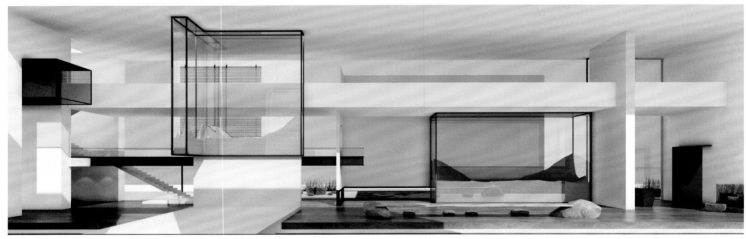

产品展示区
产品展示区

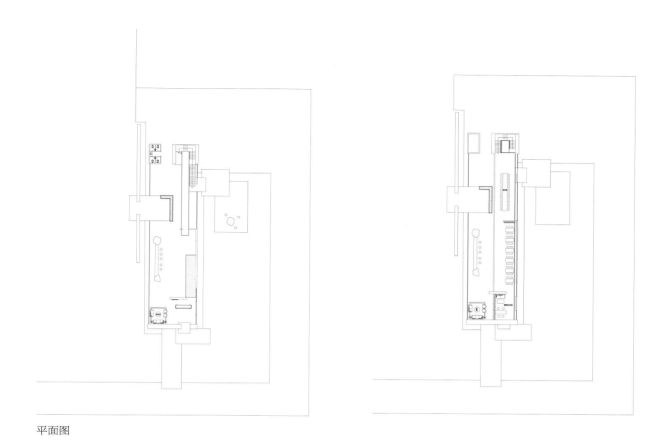

平面图

❈ 会议室

银奖

甘肃省佛学院迁建项目大经堂室内装饰

设计单位：甘肃省建筑设计研究院（兰州时代建筑艺术装饰工程公司）

设计负责人：林霄

参与设计人：刘燕、邢培琪

甘肃省佛学院是根据国家相关文件及精神，由甘肃省委批准设立的事业单位，是一个专门从事培养藏传佛教僧人的宗教院校。在近30年的时间里为甘肃省及周边藏传佛教寺庙培养了大批优秀的僧才，促进了藏传佛教文化的传播与发展。

2013年甘肃省佛学院搬迁项目列入藏区发展规划，学院新址位于夏河县桑科草原，距离夏河县城13千米。本项目场地占地面积为65 033平方米，总建筑面积约22 170平方米，由大经堂、综合教学楼、教学图书馆、学僧宿舍楼、教工宿舍楼、配套用房、风雨操场和运动场组成。

其中，大经堂、综合教学楼、教学图书楼围合成教学办公区，以大经堂宗教建筑为主进行对称式布局。三栋传统藏式建筑洋溢着浓郁、庄重的藏传佛教气息。

大经堂是佛学院建筑群的中心，其内部会堂、经堂、藏经阁是佛学院弘扬佛法传经释意的重要场所，也是室内设计的表现重点。

⁂ 大经堂一层文化长廊

文化长廊与前厅相连，着力表现藏传佛教的历史及文化渊源。本案设计以叠级天花板的丰富层次烘托中部的坛城图案。以质感朴实的边玛红墙相称精美的唐卡绘画，会堂墙面的龛枢中陈设的藏传佛教礼器、法器和须弥座、短木方椽的檐部处理，与木雕、彩绘等多种藏式建筑的特点圆融共合。整个文化长廊围绕会堂，呈"回"字形，外圈墙面为红，内圈墙面为白，整体空间与坛城结构相呼应

一层接待室以公务接待为主，空间线条简单通透。适当运用一些藏式建筑檐墙、门楣、须弥座层次等元素。在接待室中，以山水画为背景的景墙，营造稳重大气的空间氛围，并挂以经幡元素的藏式布帘装饰

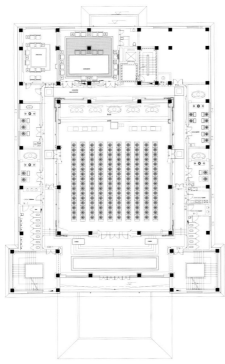

一层平面布置图

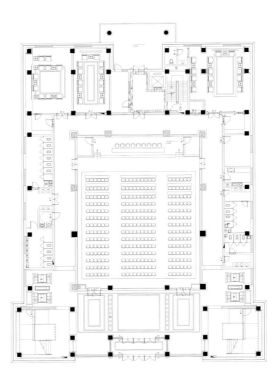

二层平面布置图

 包厢

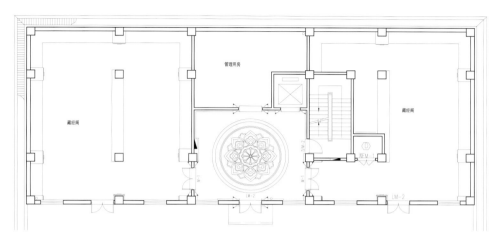

三层平面布置图

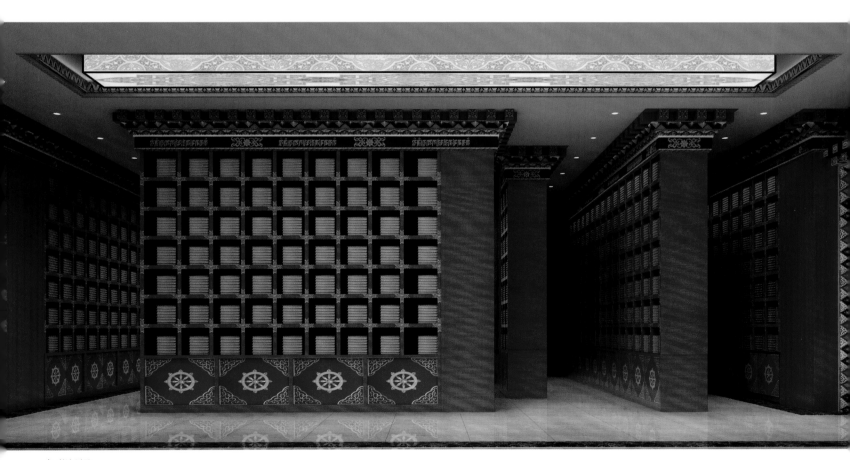

藏经阁

藏经阁书架顶部使用藏式建筑檐的做法，底部绘以宗教元素法轮图案

银奖

几间——高椅古村民宿酒店

幾間

设计单位：湖南美迪赵益平设计事务所

设计负责人：王杰、徐一龙

参与设计人：汤健

项目面积：1280 平方米

主要材料：原始老木板、素水泥等

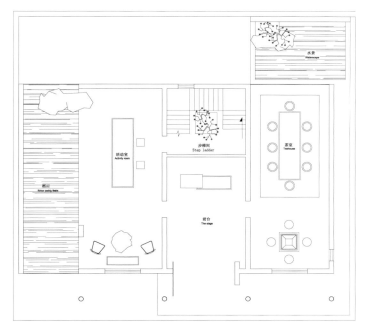

接待区一层平面图

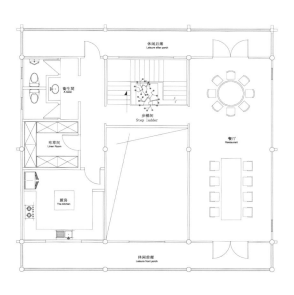

接待区二层平面图

　　本案是中国十佳古村之一、全国重点文物保护单位，湖南省重点文物保护单位、湖南省历史文化名村，因其三面环山，一面临水，地形宛如一把太师椅而得名。项目主要希望依托高椅古村优美的自然环境和深厚的文化底蕴，打造一个既保持原有的建筑特色、文化传统、人文历史的同时，又融入一些新的设计概念的民宿酒店。

　　本案在古村原有的老楼基础上进行改造，所以建筑的主体结构基本遵循原来的古建筑风貌，保证更好地融入古村的大环境，且不显突兀。室内部分的设计加入一些新的概念和元素，首先是对它

的整体功能布局进行改造，使使用功能更加全面，动静分区更加细致，通风采光更加合理。材质的运用都以生态环保为出发点，尽量就地取材，营造"风过不留痕"的和谐氛围。顶、梁、柱均保持原始老楼的特点和材质，体现人与大自然的和谐对应。在空间氛围的表现上，更加简洁素雅，力求渲染小而美、精致的氛围。

　　"慢生活"是一种生活态度，一种健康的心态。设计师想要打造的正是一种"慢生活"，即一种返璞归真、自然而然的和谐空间。

 入口

客房

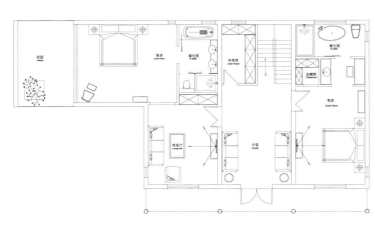

住宿区一层平面图

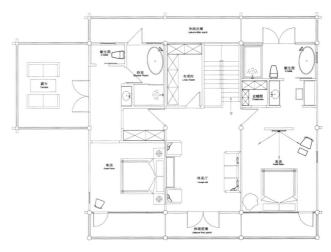

住宿区一层平面图

⚅ 活动室

⚅ 茶室

⚇ 餐厅

铜奖

北京市顺义区东方太阳城别墅

设计负责人：刘旭东、贾江

参与设计人：高井鑫、刘宏涛、常化南、高原

项目地点：北京顺义区

项目面积：747平方米

本案整体设计在色彩方面秉承传统古典风格的典雅和华贵，但与之不同的是加入很多现代元素，呈现着时尚的特征，却摒弃了现代风格完全简约的呆板与单调。在空间划分上，将整体建筑分为三大板块，地下一层为休闲娱乐，一层为会客餐饮，二层具备起居功能。地下室根据需求进行局部扩建，增加采光玻璃天井。一层室外庭院和二层室外露台相结合，高低错落、上下呼应。

总体布局对称均衡，端正稳健，而在装饰细节上崇尚自然情趣，精雕细琢，充分体现出中国传统美学精神和追求修身养性的生活境界。设计师通过对传统文化的认识，将现代元素和传统元素结合在一起，以现代人的审美需求打造富有传统韵味的事物，让传统艺术在当今社会得到合适的体现。

新中式一改传统中式风格古色古香、雕梁画栋给人的刻板印象，代之以亲近自然、朴实简单，却内涵丰富。简洁硬朗的直线条搭配中式风格，更迎合中式家居追求内敛质朴的设计风格，使新中式风格更加实用。针对业主的特点，在风格设计元素上也多用一些现代设计手法，在整体造型设计上多采用简洁的直线设计，局部造型采用一些中式设计元素，包括后期的家具选择上也采用一些中式家具。根据业主对色彩的喜好，大部分材质采用了暖色调的家具和配饰来体现居室温馨的感觉。整体造型设计简洁而大气，在细节的设计上更体现出人性化和对生活品质的追求。

❉ 一层休闲厅
❈ 负一层视听室

负一层书房和茶室

负一层水吧

负一层娱乐室

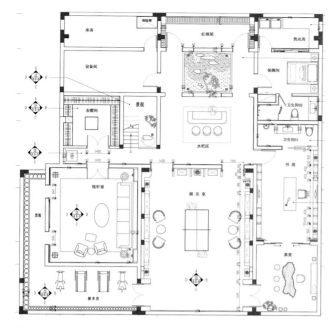

地下一层平面图

一层平面图

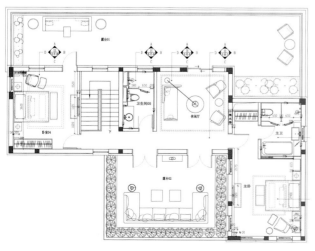

二层平面图

二层主卧

二层儿童房

铜奖

澜栖

设计单位：株洲鸿扬家庭装饰工程有限公司
设计负责人：张健军
项目面积：240 平方米
主要材料：松木、钢化玻璃等

本案主要采用预制的斗拱木结构与钢化玻璃。自然朴素的表现手法，处处透出淡淡的返璞归真，仿佛身临其境，深切地感受到纯朴的祥和。整个空间为水上一层和水下一层，独处一隅，山风朴素，独抱绿草蓝天，远离尘间纷扰。从此没有了心烦意乱，唯有真真切切的朴素。朝起夕落，近在咫尺，不需远行，诗意、远方皆唾手可得。大面积采用钢化玻璃墙面，既保证充足的光线和通风，又可提供舒适的室内环境。一个人独倚窗前，也能做全天下最浪漫的事。

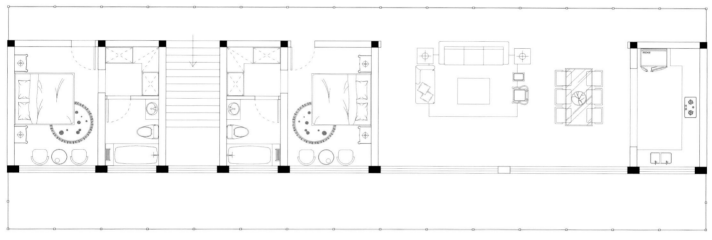

平面图

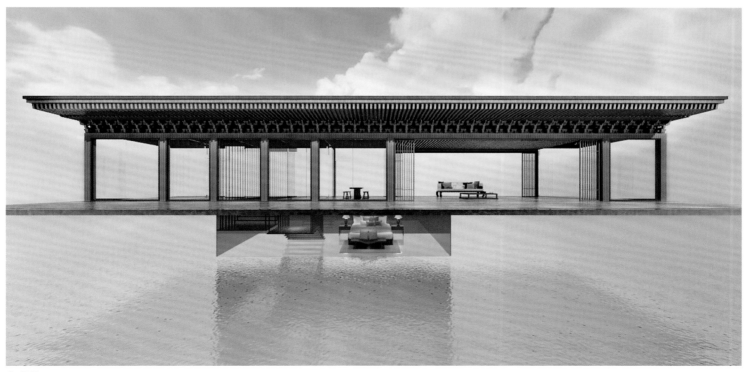

视角一

视角二

视角三

铜奖

苏州市第九人民医院

设计单位：苏州苏明装饰股份有限公司
设计负责人：顾天虹、缪凤
参与设计人：孔浩清
摄影师：贾黎明
项目面积：220 000 平方米
项目地点：太湖新城南依贵苏路西邻龙东路东邻松陵大道
主要材料：米色石材、木纹铝板、艺术铝板、烤漆玻璃、吸音板等

苏州市第九人民医院坐落于太湖新城中，南依芦荡路，西靠秋风路，东邻松陵大道，地上建筑面积 220 000 平方米。建筑格局以医疗综合楼为主体，通过连廊贯通三栋病房楼（分别为妇幼保健楼、肿瘤科病房楼和综合病房楼），北区为独立的行政综合楼及辅助用房。

苏州太湖新城集秀美山水和吴文化资源于一体，打造服务于长三角的集生态人居、文化休闲、商务商贸及健康医疗于一体的区域级中心。本案以绿色环保责任作为设计的首要考量，结合太湖新城固有的水文化、湿地公园等自然生态景观，从建筑外形态、中庭等方面入手，提取三个概念对医疗空间的设计进行阐述。

自然生长——绿色生态的诉求

项目以内外环境为依托，形成一个循环、有生命力的健康生态城。提炼水、花、草等自然元素，设计中从室外过渡到中庭，再运用至室内。空间中大量使用新材料负离子健康板，起到净化空气、消烟除尘的作用，建成后可起到良好的节能、减排作用，从视觉到感官处处践行绿色生态的理念。

色重于形——色彩功能的诉求

综合性医院包含不同的空间功能属性，建设有效引导患者进行就诊流线，具有客观必要性。色彩是人类原始的感官体验，设计师利用色彩来区分各功能医疗专属区间，如门诊区间的绿色、妇科区间的粉色、急救急诊区间的蓝色、儿科区间的彩色等。

内外交融——建筑理念的延续

项目建筑外观简洁、现代，医疗综合楼弧形曲线的形态及病房楼的三角导圆造型，皆突出建筑的外部特征，提炼建筑元素并运用于室内设计中，内外呼应，体现空间层次、节奏和韵律的变化。

空间设计贯彻"以人为本"的设计思想，顺应发展，践行绿色生态设计，打造绿色环保的室内环境。在使用者的需求和设计的审美原理达成一致时，通过造型、色彩、材质和照明等设计要素将其体现出来，展现苏州第九人民医院的鲜明特征。

综合医疗楼二层医疗街上每一个区结合标识系统以不同的色彩区分，分区明确，让病人和医护人员都易于识别。

▓ 综合病房楼公共电梯厅

作为医院最重要的垂直交通枢纽，顶面以穿孔
负离子健康板组织成树叶的形态，与墙面的绿
叶造型相呼应，在色与形上体现生态的统一

▓ 综合病房楼病房走道

病房走道为医院中人群密集的场所，设计上延
续门厅水滴的元素，功能上所有阳角均进行包
圆处理，明晰的指示标识为交通疏散提供保证

▓ 综合医疗楼儿科门厅

在门厅的顶面与地面中引入水的概念，将流动
的姿态贯穿整个空间；在立面上以动植物的图
案激发儿童的想象力，营造一种轻松、向上的
就医环境

📠 综合医疗楼急救急诊门厅

设计上以蓝色为主调，强调急救急症的时间观念，地面以跳色拼出指引线，直接指引流线的方向；墙面石材和洁菌板的运用从功能出发，达到耐撞击、易消毒的目的

📠 行政后勤楼入口门厅

整个空间以米色为主调，服务台背景墙面以绿化与木饰面相结合，体现贴近自然的设计理念

🕸 肿瘤病房楼住院大厅

以木色为空间主调，顶面和地面以圆圈的造型打破空间的沉闷，局部的绿色块象征生命的顽强与活力，突出医院的亲和力和对患者的关怀

铜奖

素斋

设计单位：XSD 设计工作室
设计负责人：谢江波
建筑面积：1450 平方米
园林面积：1200 平方米
项目地点：长沙县

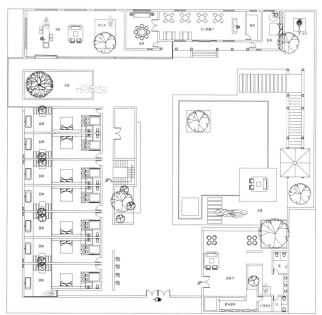

平面图

本案是一例老建筑改造扩建项目。建筑原本是一所老四合院住宅，很多空间已老化破旧，无法正常使用。

设计中，设计师保留原有的主体建筑，在其基础上嫁接一个玻璃箱体，作为公共会客书吧。加固老建筑内部结构，并为其置入新的功能。现代元素的植入，让老建筑重新焕发活力，传统文化与当代艺术在这里碰撞结合。

西侧建筑是结合从老建筑局部拆下来的旧砖弃瓦新砌的客房区域。每间客房带有独立的庭院，与大自然充分对话，带给人不一样的居住体验。 在这里，没有城市的喧嚣，可以尽情感受空间意韵，回味时光，享受自然与静谧……

外观

书吧

天井书吧

⫶ 套房

⫶ 套房庭院

铜奖

无间

设计单位：湖南美迪赵益专修广告服务部

设计负责人：夏风、张都

参与设计人：杨洪波

项目面积：1200 平方米

项目地点：长沙后湖艺术展览中心

主要材料：钢化玻璃、自流平、钢板、铝合金条、原木、麻石等

本项目位于长沙市岳麓区后湖国际艺术区内，后湖国际艺术区背靠岳麓山，毗邻湘江，环绕后湖，环境优美。这里人文底蕴深厚，为艺术湘军新崛起的重要阵地，是一个精神高地。随着湖边那些废弃的旧厂房、老民居改造成艺术家工作室，优美的环境和良好的氛围，吸引100多位国内外艺术家纷纷入驻。项目正好为艺术家们提供展示他们作品的空间，正所谓相得益彰。

项目面积1200平方米，原来为两层厂房改造而成，内部功能以艺术品展厅为主体，还包括工作人员的办公区域和客户接待区域。本案主要表现艺术展厅的空间效果，整个空间在设计之初就想通过一个特定形态在空间的不断展现和材质、色彩的变化赋予空间一个主题——任何有价值的艺术品都是有生命力的，都值得人们爱护和追求，我们所生存的环境也一样。

展厅入口处以原木作为纽带，带领人们快速进入一个自然洁净的艺术空间，而以绿色格子结构的形态作为联系和呼应整个空间的主线，表达对大自然的追求。展厅中心有意打造成一个高大空旷的大空间，顶上绿色格子结构体呈现一种蔓延向上的生命力，体现艺术品的价值理念。从一楼大厅到二楼的艺术品长廊的楼梯是钢制结构，踏步直接使用的钢板，在这样空旷的空间当中，让这条长长的楼梯显得特别沉重而独立。一级一级向上走，寓意"追求美好"，而其上是"艺术养分"与"生存食粮"。楼梯下面的水池也和艺术品交相辉映，体现出勃勃生机。

本案力求运用极简的设计手法营造充满艺术气息的空间，同时使进入空间的人们在离开时除了能感受到浓厚的艺术氛围外，也能引发更深层次的思考——我们赖以生存的环境也和艺术品一样，需要大家的保护与关怀，这样我们的子孙后代才能一直欣赏它们的美。

▓ 副厅过道

▓ 过道

▓ 中厅过道展区

一层平面图

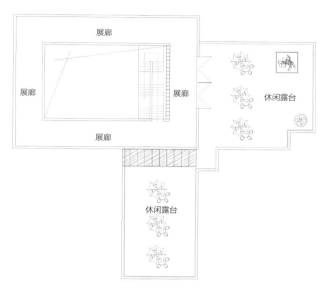

二层平面图

二号展厅

铜奖

末世方舟

设计单位：AIFE尔（艾菲尔装饰）
设计负责人：林沐风（龙辉）

末世方舟的"末"并未是结束，而是新的开始，开始人类新的空间时代。当人类居住的空间达到某种程度的饱和时，我们面临的将是地球空间利用的问题。据统计，近数十年来人类所建造的房屋面积总和，远远超过了过去五千年所有房屋建造面积的总和。地球除去 71% 的海洋、6.09% 的沙漠以及其他河流、湖泊、森林、极地等，适合人类居住的陆地不足 16%。人类在未发现新的宜居星球前，迫切需要维护当前的生态平衡，建立一种新的生态平衡。开发海洋、沙漠，保持现在的生态，避免砍伐森林、占田用地建造建筑，充分利用地球空间和太阳能、风能、水能、海洋能等环保自然能源，留住青山绿水，造福子孙后代。

外部视角一

外部视角二

外部视角三

外部视角四

外部视角五

内部视角一
内部视角二

几选奖

恒基水漾花城会所

设计单位：深圳市万有引力室内设计有限公司

设计负责人：白丽雪、齐鑫

郑州璞居酒店

设计单位：河南希雅卫城装饰设计工程有限公司

设计负责人：于起帆

参与设计人：张希鹏、李振峰

易庐会所

设计单位：中国美术学院国艺城市设计研究院第四分院

设计负责人：章楷

参与设计人：牟夏阳

四川江油百合精品酒店

设计单位：苏州金螳螂建筑装饰股份有限公司

设计负责人：王伟华、王启霖

参与设计人：蒋斌洁、钱文宇

厦门 – 中华城高级定制摄影接待会所

设计机构：品界设计
主创设计师：翁德、梁剑峰

澳门天钻会所

设计单位：TCDI 创思国际建筑师事务所
设计负责人：杨林明、丁刘慧
参与设计人：夏强

THE EATING TABLE 餐厅

设计单位：广州文水台室内设计有限公司
设计负责人：刘文治

南村喜舍

设计单位：一尘一画设计顾问
设计负责人：左斌
参与设计人：刘海波

元色餐厅 Y2S-T

设计单位：重庆燚筑纵合室内设计有限公司

设计负责人：刘攀

参与设计人：王晓蒙、徐再盘、邓义川、陈杨

辣妈圈火锅旗舰店

设计单位：成都猫眼室内设计有限公司

设计负责人：蒙春蓉

参与设计人：陈俊波、罗晨

东湖了然台

设计单位：四川上舍装饰设计工程有限公司

设计负责人：李奇

开放 · 围合——赛牛炙烧牛排湛江店

设计单位：佛山尺道设计顾问有限公司

设计负责人：李星霖、何晓平

参与设计人：余国能、曾湘茹、何柳微

小镇派对——赛牛炙烧牛排旗舰店

设计单位：佛山尺道设计顾问有限公司

设计负责人：李星霖、何晓平

参与设计人：蔡铁磊、余国能、梁一辉、曾湘茹、何柳微

竹篱笆

设计单位：徐代恒设计事务所

设计负责人：徐代恒

参与设计人：孔德宝、周晓薇

沙拉市集

设计单位：徐代恒设计事务所

设计负责人：徐代恒

参与设计人：吴青青、周晓薇

LINN BISTRO

设计单位：陕西鹏涛室内设计有限公司

设计负责人：景金鹏、梁豪

顺风 123·山茶

设计单位：成都蜂鸟设计顾问有限公司

设计负责人：刘旭

参与设计人：李端

不諍素食馆

设计单位：叙品空间设计有限公司

设计负责人：蒋国兴

广州市梁氏鹅城餐饮管理有限公司

设计单位：广州市山田组设计院工程有限公司

设计负责人：刘津

参与设计人：徐洋

原牛道牛肉火锅 A8 店

设计单位：深圳中绘社室内设计有限公司

设计负责人：许思敏

参与设计人：司徒达勇、曹苑

美妙的邂逅

设计单位：福建东稻装饰设计工程有限公司
设计负责人：李川道
参与设计人：郑新峰、陈立惠

壹刻（福州）有限公司室内外装修改造

设计单位：福建天正装修工程有限公司
设计负责人：孔杰
参与设计人：冯君

四街一号

设计单位：杭州意融装饰设计有限公司

设计负责人：林来森

隐家日本料理

设计单位：香港大于空间设计有限公司

设计负责人：林东平

参与设计人：高佩如、廖小娟

遇见自然

设计单位：风行设计
设计负责人：辛冬根
参与设计人：任优莲

平潭餐厅

设计单位：福州宽北装饰设计有限公司
设计负责人：郑杨辉

海盗鲜生

设计单位：梁筑设计事务所

设计负责人：徐梁

婉约四季——游鱼江南

设计单位：杭州大麦室内设计有限公司

设计负责人：吕靖

参与设计人：王立恒、邓建勇

苏州量子馋源餐厅

设计单位：FCD 浮尘设计工作室
设计负责人：万浮尘、唐海航
参与设计人：何亚运、吴磊

新东方心奢华

设计单位：天工室内计划有限公司
设计负责人：叶俊二、罗重文

遇见心中桃花源

设计单位：天工室内计划有限公司
设计负责人：叶俊二、罗重文

根据地酒吧

设计单位：杭州大尺建筑设计有限公司
设计负责人：周佳锋
参与设计人：李保华

庭娜 SPA

设计单位：徐代恒设计事务所
设计负责人：徐代恒
参与设计人：卢富喜、周晓薇

SOHIP 沙龙

设计单位：力图设计顾问有限公司
设计负责人：利锦燕
参与设计人：李浩明

无相壶

设计单位：江西省陈视玖号院装饰设计工程有限公司
设计负责人：陈志山

对称

设计单位：漳州明居装饰设计有限公司
设计负责人：林嘉诚
参与设计人：陈治谋、李志雄

FASHION TV CHAMPAGNE 俱乐部

设计单位：深圳市觉度艺术设计顾问有限公司

设计负责人：梁炫科

参与设计人：林青华

红树湾一号

设计单位：台湾大易国际设计事业有限公司

设计负责人：邱春瑞

广州丽柏广场 DESIGNER SHOES ZONE

设计单位：麦格思室内设计（北京）有限公司
设计负责人：麦国强

新华里咖啡书屋

设计单位：西安壹界建筑设计咨询有限公司
设计负责人：壹界

FORTLOIO 苏特丽家居中心

设计单位：隐巷设计顾问有限公司
设计负责人：黄士华

翔誉 A17 公设

设计单位：隐巷设计顾问有限公司
设计负责人：黄士华
参与设计人：袁筱媛、孟羿彣

浩燊高级定制会所

设计单位：Studio.Y 余颢凌设计工作室

设计负责人：余颢凌

参与设计人：谢莉、杨超

闲听高山流水

设计单位：杭州大麦室内设计有限公司

设计负责人：吕靖

参与设计人：王立恒、邓建勇

魔方之家

设计单位：厦门市苏林衍派装饰设计工程有限公司

设计负责人：苏阳

参与设计人：林猛、罗毅

昆仑望岳艺术馆

设计单位：河南励时装饰设计工程有限公司

设计负责人：钟凌云

参与设计人：许尚、马晓洋、郭总超、杨希刚

荣和林溪府展示区售楼中心

设计单位：本则创意（柏舍励创专属机构）

设计负责人：本则创意（柏舍励创专属机构）

壹拾居

设计单位：鸿文空间设计有限公司

设计负责人：郑展鸿、刘小文

参与设计人：李建强、吴烙岩、严伟文

未来城

设计单位：杭州大尺建筑设计有限公司

设计负责人：李保华

参与设计人：李春亮

YOUNG SENSE UP

设计单位：杭州大尺建筑设计有限公司

设计负责人：李保华

参与设计人：李春亮

势线

设计单位：湖南经华空间设计工程有限公司

设计负责人：徐经华、易辉

参与设计人：蔡朝辉、王海、欧阳锋

成都城南锦城湖岸售楼处项目

设计单位：深圳一堂锦装饰设计有限公司

设计负责人：陈毅冰

弈·趣——嘉华广场（二期）样板房

设计单位：中海怡高建设集团股份有限公司、广州市联智造营装饰设计有限公司
设计负责人：叶颢坚、李雷夫
参与设计人：杨云、何丽华、林志潘

杜尚发型

设计单位：吴昊洋环境艺术创意设计公司
设计负责人：吴昊洋

青川之上，乐章悠扬

设计单位：天工室内计划有限公司

设计负责人：潘瑞琦

李晓鹏设计组工作室

设计单位：李晓鹏装饰设计工程有限公司

设计负责人：李晓鹏

某公司·空间设计事务所

设计单位：凡本·空间设计事务所
设计负责人：李成保

悟空人文设计会所

设计单位：长沙市悟空室内设计有限公司
设计负责人：尹坚
参与设计人：陈新科、叶相甫、李英、姚莹

楷林中心 9 楼办公样板层

设计单位：蓝色设计

设计负责人：刘朋朋

参与设计人：冯龙杰、崔梦莹、管商虎、杨献营

云峰投资公司

设计单位：叙品空间设计有限公司

设计负责人：蒋国兴

宁东新城商务中心

设计单位：杭州国美建筑设计研究院有限公司
设计负责人：李静源
参与设计人：朱利锋、王丰、彭鹏、周媛

木石故事会

设计单位：一石装饰设计有限公司
设计负责人：何李胜、江霞

回

设计单位：佛山市城饰室内设计有限公司

设计负责人：城饰设计·采虹空间

参与设计人：霍志标、黎广浓、杨仕威

华丰贺氏

设计单位：福州造美室内设计有限公司

设计负责人：李建光、黄桥

参与设计人：郑卫锋

叁拾设计联合策略机构

设计单位：宜昌叁拾艺术设计有限公司

设计负责人：费双

参与设计人：徐平凡、朱涛、柯源源

虹桥恒基中心 130 办公

设计单位：上海曼图室内设计有限公司

设计负责人：孔斌

参与设计人：冯未墨

MR · MOUSTACHE 胡须先生花店办公设计

设计单位：杭州意内雅建筑装饰设计有限公司

设计负责人：朱晓鸣

参与设计人：窦全伟

旭辉虹桥独栋办公

设计单位：上海曼图室内设计有限公司

设计负责人：孔斌

参与设计人：冯未墨

韵动

设计单位：南京登胜空间设计有限公司

设计负责人：陶胜

参与设计人：徐青华、蔡辉

南通设计创意中心

设计单位：江苏东保装饰集团有限公司

设计负责人：宋必胜

参与设计人：金跃

WORK+ 办公楼

设计单位：四川中英致造设计事务所有限公司
设计负责人：赵绯

自在 · 对话

设计单位：红境组设计机构
设计负责人：古文敏

创客联邦（MFG）办公室装饰设计

设计单位：四川德垦装饰工程有限公司

设计负责人：谭刚、甘乐

参与设计人：张强、夏钦、张丽娟、向朝建

唯习堂

设计单位：顺轩见筑设计事务所

设计负责人：马浩轩

参与设计人：关顺

SCAHSEN 办公室

设计单位：佛山市集创舍室内设计有限公司
设计负责人：卢伟坚 何家城
参与设计人：冯泽文、蔡云娜、张创华、陈亦辰

YY 欢聚时代办公室

设计单位：TCDI 创思国际建筑师事务所
设计负责人：谢云权、杨光发
参与设计人：段志向

绿城济南中心

设计单位：深圳市杰恩创意设计股份有限公司
设计负责人：姜峰

无界

设计单位：南京登胜空间设计有限公司
设计负责人：陶胜
参与设计人：徐青华、蔡辉

福建喜相逢汽车服务股份有限公司

设计单位：福建国广一叶装饰机构
设计负责人：黄晓文
参与设计人：裴俊谨

方叙设计办公室

设计单位：方叙设计
设计负责人：严叶冰

游园品瓷

设计单位：HSD.(佛山) 黄氏设计师事务所
设计负责人：黄冠之、蔡丽娟
参与设计人：杨欣燃

留白

设计单位：创达维森设计机构
设计负责人：麦德斌

万科生态城梦工厂

设计单位：广州杜文彪装饰设计有限公司
设计负责人：杜文彪

2016 建博会联塑·领尚生活馆

设计单位：佛山市集创舍室内设计有限公司
设计负责人：卢伟坚、何家城
参与设计人：冯泽文、蔡云娜、张创华、陈亦辰

透明之壳

设计单位：广州普利策装饰设计有限公司

设计负责人：何思玮

参与设计人：梁穗明、刘嘉莉、陈辉、邓江蜜

帆·构想

设计单位：广州普利策装饰设计有限公司

设计负责人：梁穗明

参与设计人：何思玮、邓江蜜、陈辉、罗品勇、杨亚会

流动晶体

设计单位：广州普利策装饰设计有限公司

设计负责人：何思玮

参与设计人：梁穗明、刘嘉莉、梁颖、陈辉、杨亚会

隅园

设计单位：广东致盛空间设计有限公司

设计负责人：曾胜、罗军

参与设计人：兰平

参悟

设计单位：鸿扬装饰工程有限公司
设计负责人：曾兵

青岛东方时尚购物中心

设计单位：FCD 浮尘设计工作室
设计负责人：万浮尘
参与设计人：唐海航、何亚运

宁海国际会展中心

设计单位：杭州国美建筑设计研究院有限公司

设计负责人：李静源

四川省图书馆新馆

设计单位：中国建筑西南设计研究院有限公司

设计负责人：张国强、廖卫东

加州健身

设计单位：凡本空间设计事务所
设计负责人：李成保

道林健身

设计单位：汕头市原点设计有限公司、汕头市辰午视觉设计有限公司
设计负责人：杨洪海、余航

世纪英豪健身

设计单位：凡本空间设计事务所

设计负责人：李成保

深圳地铁 11 号线

设计单位：深圳市杰恩创意设计股份有限公司

设计负责人：姜峰

海亮幼儿园室内装饰设计

设计单位：浙江省武林建筑装饰集团有限公司

设计负责人：郑成余、高杉

参与设计人：童碧莹

杭州高级中学钱江新城校区

设计单位：杭州国美建筑设计研究院有限公司

设计负责人：李静源

参与设计人：胡栩、方彧、朱利锋、田宁、张慈、王冠粹、任志勇

未泯

设计单位：佛山市正方良行设计有限公司
设计负责人：徐庆良

杜克大学一期

设计单位：苏州金螳螂建筑装饰股份有限公司
设计负责人：孙劲、汪洋
参与设计人：卓信华、路遥、凡迪

哈尔滨工业大学深圳校区扩建项目室内设计方案

设计单位：哈尔滨工业大学建筑学院

设计负责人：余洋、周立军

参与设计人：王野、解峰、张潇思、李欣、张诗扬、李冰

中体西用的新东方艺术

设计单位：天悦室内设计有限公司

设计负责人：谢佳妏

SINGLE APARTMENT

设计单位：隐巷设计顾问有限公司
设计负责人：黄士华

破墙而住

设计单位：梁豪室内设计有限公司
设计负责人：谭家辉

错落致宅

设计单位：梁豪室内设计有限公司
设计负责人：梁豪

壹方中心·玖誉二期样板房

设计单位：深圳市派尚环境艺术设计有限公司
设计负责人：周伟栋、刘倩
参与设计人：夏婷、张慧峰

LEE HOUSE

设计单位：福建国广一叶装饰机构

设计负责人：李超

参与设计人：朱毅

筑象

设计单位：西隅设计有限公司

设计负责人：唐列平

衍生

设计单位：西隅设计有限公司
设计负责人：唐列平

长沙梅溪湖金茂悦项目样板间

设计单位：柏舍设计（柏舍设计专属机构）
设计负责人：柏舍设计（柏舍设计专属机构）

万科城市之光样板房

设计单位：广州杜文彪装饰设计有限公司
设计负责人：杜文彪

武汉恒大龙城别墅样板房

设计单位：深圳市百搭园装饰设计工程有限公司
设计负责人：司蓉

SHE SAID

设计单位：鸿扬装饰工程有限公司
设计负责人：朱文燕

南京扬子科创中心

设计单位：苏州金螳螂建筑装饰股份有限公司
设计负责人：王剑、戴方会
参与设计：毛悦、张东英、倪立富

贵阳龙湾国际 UME 影城

设计单位：北京集智景翔建筑装饰设计咨询有限公司

设计负责人：赵磊、张曦争

参与设计：许萌、安冉

乐视上海虹桥总部办公楼

设计单位：上海现代建筑装饰环境设计研究院有限公司

设计负责人：苏海涛

参与设计：黄海涛

北京中航资本大厦

设计单位：上海现代建筑装饰环境设计研究院有限公司

设计负责人：朱莺、崔灿

参与设计： 任意立

张江中区 C-2-4 地块威发楼

设计单位：上海现代建筑装饰环境设计研究院有限公司

设计负责人：王传顺

参与设计： 朱伟、焦燕、饶显

中国人寿苏州阳澄湖半岛养老养生项目

设计单位：上海现代建筑装饰环境设计研究院有限公司

设计负责人：王传顺

参与设计：朱伟、焦燕、饶显

观往知来

设计单位：湖南美迪装饰工程有限公司

设计负责人：谭绪

某健身俱乐部

设计单位：凡本·空间设计事务所
设计负责人：李成保

四维

设计单位：鸿扬家庭装饰工程有限公司
设计负责人：赵文杰

这边·那边

设计单位：湖南长沙鸿扬装饰工程有限公司
设计负责人：谢志云

益工坊艺术中心

设计单位：广州集美组室内设计工程有限公司
设计负责人：周海新
参与设计人：刘锡硅、廖建飞、吴玉娟、郑杰友

天空影城

设计单位：深圳陈榆商业美学空间策划设计有限公司

设计负责人：陈榆、梁俊亭

参与设计：梁超、马慧君、王剑

宽北总部

设计单位：福州宽北装饰设计有限公司

设计负责人：郑杨辉

参与设计：陈文强

寻幽晓筑度假酒店

设计单位：江苏世纪名筑建筑装饰工程有限公司
设计负责人：吕欣

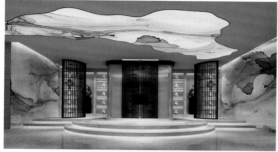

黄金海岸

设计单位：中咎建筑工程有限公司
设计负责人：咎学超

万科紫台社享家生活体验馆

设计单位：山西设享家装饰艺术设计有限公司

设计负责人：田静进、宋凯

素品

设计单位：湖南天匠空间装饰设计有限公司

设计负责人：张向东

衢州弈谷棋院室内设计

设计单位：广西华蓝建筑装饰工程有限公司

设计负责人：廖杨福

参与设计人：张小君、施连丽、王俊文、江晓莹

无所居

设计单位：重庆 IEDS 装饰设计有限公司

设计负责人：旷红军

参与设计人：王嘉鹏

清风徐来

设计单位：福州大成室内设计有限公司

设计负责人：周明阳

参与设计：吴斐斐、黄享源

素·生活

设计单位：鸿扬家庭装饰设计工程有限公司

设计负责人：唐林

参与设计人：颜洁

云隐栖

设计单位：湘苏建筑室内设计事务所
设计负责人：徐猛
参与设计人：周帅、肖成戌、罗斐艺

成都门徒酒店

设计单位：成都姿然手创装饰工程设计有限公司
设计负责人：谢钲钢、汤米
参与设计人：廖丽、陆雨

还佛

设计单位：湖南美迪赵益平设计事务所

设计负责人：唐亮、李沛

参与设计人：李刚

临汾体育中心

设计单位：北京筑邦建筑装饰工程有限公司

设计负责人：邓雪映、李倬

参与设计人：焦亮、程广晓

巷道印象

设计单位：西安美术学院建筑环境艺术系

设计负责人：刘晨晨、党林静

福鼎市医院百胜新院区

设计单位：苏州金螳螂建筑装饰股份有限公司

设计负责人：唐洪亮、季春华

参与设计人：郭建华、邹晨、项燕

心静如水

设计单位：湖南株洲随意居杨威设计事务所

设计负责人：吴渊

参与设计人：周墙

上海生活垃圾科普馆

设计单位：上海现代建筑装饰环境设计研究院有限公司

设计负责人：李越

参与设计人：蒋春涛、刘丕俪

桐乡龙翔纺织办公楼改造

设计单位：中国美术学院国艺城市设计研究院

设计负责人：王海波

参与设计人：何晓静、龚政杰、夏雨

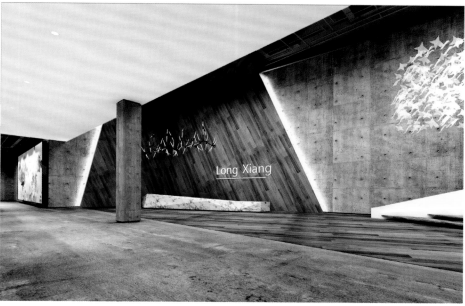

南方医院综合楼

设计单位：广东建筑设计研究院

设计负责人：冯文成、楼冰柠、许名涛

参与设计人：宋国斌、孙丹琦、庄飞燕

丰盛雨花客厅商业中心

设计单位：苏州金螳螂建筑装饰股份有限公司

设计负责人：李海军

参与设计人：田竹、王亮

野三坡健康谷阿尔卡迪亚酒店

设计单位：无锡迪赛环境艺术设计事务所

设计负责人：林燕、郭浩

参与设计人：黄勇、韩仲会、陈远

鸿翔锦园

设计单位：柏达装饰设计事务所
设计负责人：王圣雷

平顶山颐蓝酒店

设计单位：郑州鹦鹉螺空间艺术设计有限公司
设计负责人：罗鹤昆
参与设计人：何梦月、王超群

大智茶空间

设计单位：开封 AF 工作室

设计负责人：欧阳湘豫、李建红

参与设计：马鑫

海宅居住空间

设计负责人：李建红、马鑫

参与设计人：欧阳湘豫

SILEX LIQUOR 办公室

设计单位：方楠设计顾问有限公司

设计负责人：朱建宏

参与设计人：苏智敏

普田农博馆

设计单位：创艺佳装饰设计工程有限公司

设计负责人：常纯

最佳设计企业奖

◎ FCD 浮尘设计工作室

浮点·禅隐客栈	金奖
苏州量子馋源餐厅	入选奖
青岛东方时尚购物中心	入选奖

◎ LAD（里德）设计机构

左岸啤酒艺术工厂	银奖
1978 文化东岸创意园办公室	银奖
白教堂	铜奖

◎佛山市城饰室内设计有限公司

道尔顿实验学校	金奖
回·万物归宗	入选奖

◎鸿扬家装

书香路李宅	银奖
念山	银奖
朽木之缘	铜奖
澜栖	铜奖
参悟	入选奖
SHE SAID	入选奖
四维	入选奖
这边·那边	入选奖
素·生活	入选奖

◎湖南美迪赵益平设计事务所

几间——高椅古村民俗酒店	银奖
录米·米路	铜奖
无间	铜奖
还佛	入选奖

◎水木言（香港）室内设计机构

饭怕鱼 RICE&FISH	金奖

◎天悦室内设计有限公司

假日田园，城市休闲主义	金奖
中体西用的新东方艺术	入选奖

◎湘苏建筑室内设计事务所

sirah 的困惑	金奖
云隐栖	入选奖

◎星艺－谭立予工作室

梁宅	金奖
陈宅	铜奖

◎中国建筑设计院有限公司

中央财经大学沙河校区图书馆室内设计	金奖
天桥艺术中心室内设计	银奖